Marieluise Hermanns
Schädlinge und Lästlinge in Haus und Wohnung

Schriftenreihe:
Wissenschaftsladen Gießen e.V.
Umwelt + Gesundheit – Umweltgifte vermeiden

Als nächste Bände sind geplant:

Giftfrei gärtnern
Schimmel in Haus und Wohnung
Schadstoffe in Innenräumen

Der Wissenschaftsladen Gießen e.V. führt seit 1983 Beratungs- und Forschungsprojekte durch. Sein Ziel ist, Ergebnisse von Wissenschaft und Forschung in allgemeinverständlicher Form einer breiten Öffentlichkeit zugänglich zu machen. Damit soll ein Beitrag zur Verbesserung der Lebens- und Umweltbedingungen geleistet werden.

Wissenschaftsladen Gießen e.V.
Gutenbergstraße 13
35390 Gießen

Telefon 0641/39 03 84, Fax 0641/36 498
E-Mail: WilaGiessen@t-oneline.de
Umweltberatung/Expertenvermittlung (kostenpflichtig):
Schädlingsbekämpfung/Schadstoffe in Innenräumen: 0641/30 12 724

Marieluise Hermanns

Schädlinge und Lästlinge in Haus und Wohnung

Umwelt- und gesundheitsschonend bekämpfen

Mit einem Kapitel über rechtliche Aspekte für Mieter und Vermieter
von Rechtsanwalt Guido Block-Künzler

Herausgegeben vom
Wissenschaftsladen Gießen

Oesch Verlag

Die Deutsche Bibliothek – CIP-Einheitsaufnahme

Hermanns, Marieluise:

Schädlinge und Lästlinge in Haus und Wohnung :
Umwelt- und gesundheitsschonend bekämpfen /
Marieluise Hermanns, herausgegeben vom Wissenschaftsladen Gießen –
Zürich : Oesch, 2001
ISBN 3-85833-590-8

Umschlaggestaltung: Walter Voser
Druck und Bindung: Wiener Verlag, Himberg
Printed in Austria

ISBN 3-85833-590-8

Gern senden wir Ihnen unser Verlagsverzeichnis:
Oesch Verlag, Jungholzstraße 28, 8050 Zürich
E-Mail: info@oeschverlag.ch
Telefax 0041/1 305 70 66 (CH: 01/305 70 66)

Unser Buchprogramm finden Sie im Internet unter:
www.oeschverlag.ch

Inhalt

1 Ungeziefer im Haus –

Hinweise zur Benutzung des Ratgebers

Wenn Schädlinge, Lästlinge oder andere Tiere in der Wohnung auftreten und nicht bekannt ist, um was es sich dabei handelt, sollte zuerst eine Identifizierung stattfinden. Wissen Sie schon, um was es sich handelt, suchen Sie bitte anhand der alphabetischen Liste (**5 Verzeichnis ...**) den betreffenden Schädling heraus und informieren Sie sich auf den darauf folgenden Seiten über **Bestimmung, Vorkommen, Schäden und Bekämpfung** der jeweiligen Tierart. Der Bestimmungsteil gliedert die Schädlinge in **6 Käfer und Schaben**, nach Größe und Färbung sortiert, in **7 Motten**, in **8 Milben und kleine Insekten**, in **9 Stechende, saugende und parasitär lebende Insekten und Milben** und in **10 Allgemein bekannte Schädlinge, Lästlinge und lästige Nützlinge.** Eine weitere Unterstützung erhalten Sie durch die Zuordnung von Merkmalen und den jeweils möglichen Schädlingen: **2 Erkennungshilfe für Käfer, 3 Erkennungshilfe für Larven, Raupen und Maden und 4 Erkennungshilfe für stechende, saugende und parasitär lebende Insekten und Milben.** Falls Sie ohne fachliche Hilfe nicht zum Ziel gelangen sollten, finden Sie am Ende der Broschüre **17 Adressen** von kompetenten Institutionen, die eine Bestimmung vornehmen können.

Nicht jedes Krabbeltier, das beispielsweise mit Blumensträußen ins Haus gelangt, verursacht Schäden an Vorräten, Materialien, Tieren und Menschen oder vermehrt sich sogar massenhaft. Durch die nähere Kenntnis können oft schon die folgenden Fragen beantwortet werden:

- Handelt es sich um einen nur unangenehmen **Lästling?**

- Oder um einen **potentiellen Schädling,** der nur **vereinzelt** auftritt und leicht durch mechanische Maßnahmen wie Staubsaugen und Abbürsten unter Kontrolle gebracht werden kann?

- Oder handelt es sich um einen **Schädling,** der **erhebliche Schäden** an Vorräten und Material anrichtet?

- Oder kann von den Schädlingen sogar eine **Gesundheitsgefährdung** ausgehen?

Psychische Beeinträchtigungen durch herumkrabbelnde Gliedertiere spielen ebenfalls eine Rolle bei der Entscheidung, ob eine massive Bekämpfung erforderlich ist.

Aufwand und Nutzen muß gegeneinander abgewogen werden, besonders wenn die Bekämpfung mit Pestiziden durchgeführt werden soll. Die bei den einzelnen Schädlingen empfohlene Bekämpfung nennt Mittel, denen eine Nummer zugeordnet wurde. Anschließend finden Sie in einer numerierten Liste diese Produkte mit Bezugsquellen: **11 Empfehlenswerte Mittel.** Vielfach lassen sich Pestizide mit ihren gesundheitlichen Gefahren auch durch einfache, unschädliche Mittel und Methoden ersetzen: **12 Methoden und Wirkstoffe der Schädlingsbekämpfung.**

In schwierigen Fällen, oder wenn Sie sich nicht sicher sind, überlassen Sie die Bekämpfung einem sachkundigen Schädlingsbekämpfer: 13 **Schädlingbekämpfer,** der idealerweise nach den Prinzipien der Integrierten Schädlingsbekämpfung arbeiten sollte: **14 Integrierte Schädlingsbekämpfung.**

Eine **Meldepflicht** beim Gesundheitsamt besteht gemäß § 48 Schulseuchenerlaß des Bundesseuchengesetzes bei Krätze und Läusen in Schulen, Kindergärten u. a. gemeinschaftlichen Einrichtungen. Ähnliche Vorschriften bestehen in Österreich und in der Schweiz. Die Betroffenen dürfen die Einrichtungen erst wieder besuchen, wenn nach Urteil des Gesundheitsamts oder eines Arztes die Verlausung etc. beendet ist. Wie die Bekämpfung erfolgen muss, wird nicht vorgeschrieben. Ein Befall mit Schaben (Kakerlaken) in gastronomischen Betrieben, Bäckereien und anderen Einrichtungen, die geeignet sind, das Wohl der Allgemeinheit zu gefährden, ist ebenfalls meldepflichtig.

2 Erkennungshilfe für Käfer und Schaben

Merkmale	**Länge (mm)**	**Länge (mm)**	**Länge (mm)**
	1,5 bis 5	6 bis 10	11 bis 25
Färbung			
braun oder gelb	Brotkäfer Tabakkäfer Getreideplattkäfer Reismehlkäfer Messingkäfer Schimmelkäfer Splintholzkäfer Gemeiner Nagekäfer		
schwarz	Kornkäfer		Mehlkäfer Orientalische Schabe (Kakerlak)
schwarz mit weißen Punkten	Pelzkäfer		
zwei- oder mehrfarbig	Kabinettkäfer Kaphrakäfer	Speckkäfer	Hausbockkäfer
grünlich	Speisebohnenkäfer		

3 Erkennungshilfe für Larven, Raupen und Maden

Starke Behaarung		
	an pflanzlichem Material/ Vorräten:	an tierischem Material inkl. Wolle, Pelze, Federn:
mit langen Schlepphaaren am Hinterleib	*Trogoderma angustum*	Pelzkäfer
ohne lange Schlepphaare am Hinterleib		Speckkäfer Kabinettkäfer
Glatt oder kaum behaart		
	an pflanzlichem Material/ Vorräten:	an tierischem Material inkl. Wolle, Pelze, Federn:
	Dörrobstmotte Mehlmotte Kornmotte Mehlkäfer Reismehlkäfer	Kleidermotte
	an Obst: Taufliege	
	in Körnern: Kornkäfer Reiskäfer Speisebohnenkäfer	
	in Stroh, Spreu (Kaff): Messingkäfer	
Glatt und engerlingsartig gekrümmt		
	in Holz: Hausbock Nagekäfer Splintholzkäfer	
	an pflanzlichen Vorräten: Brotkäfer Tabakkäfer	

4 Erkennungshilfe für stechende, saugende und parasitär lebende Insekten und Milben

Juckende Areale	Mehrere Stiche in Reihe	Einzelne Stiche gestreut
Herbstmilben	Flöhe	Mücken
Krätzmilben	Wanzen	
Läuse		
Vogelmilben		

5 Verzeichnis der Schädlinge, Lästlinge und Parasiten

Verzeichnis der Schädlinge, Lästlinge und Parasiten

6 Käfer und Schaben

6.1 Braune Käfer bis 5 Millimeter Länge

Brotkäfer

Stegobium paniceum

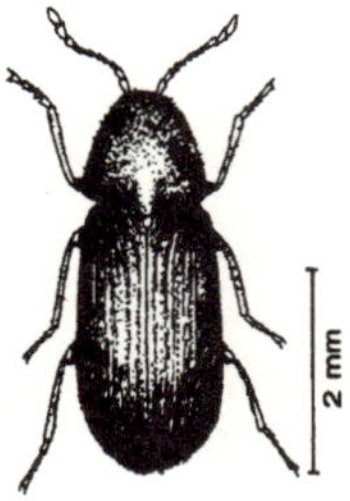

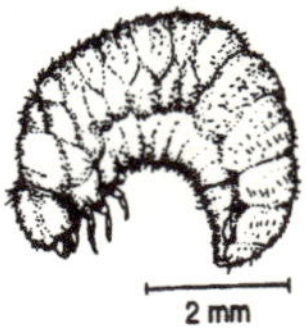

Bestimmung

Der Brotkäfer ist ein kleiner rotbrauner Käfer. Seine Größe schwankt zwischen 1,75 und 3,75 Millimetern. Die feinen Haare und Punktreihen längs der Flügeldecken sind mit Hilfe einer Lupe zu erkennen.

Die Larven des Brotkäfers werden bis zu 5 mm lang, und ihr Aussehen erinnert an Engerlinge. Der Körper ist weiß, fein behaart und der Kopf bräunlich gefärbt.

Vorkommen

Der Käfer fällt Ihnen in aller Regel erst dann auf, wenn er auf hellen Wänden oder an Fenstern umherläuft. Da die weiblichen Käfer etwa 75 Eier an dunklen Stellen oder Nahrungsmitteln wie Mehl und Gewürzen ablegen, sind dort auch die Larven zu finden. Die Larven bohren sich häufig ins Innere von trockenen Nahrungsmitteln wie Nudeln, Backwaren, Nüssen und Tierfutter. Man findet sie weiterhin an Getreide, Hülsenfrüchten, stärkehaltigen Lebensmitteln, getrockneten Früchten, getrocknetem Pflanzenmaterial, botanischen Sammlungen, Kaffee, Kakao, Schokolade, Tabak, Leder, Bucheinbänden und Bildern. Auch in Dielenritzen gefallene Brotkrümel können zur Nahrung für die Larven werden. In Altbauten mit Ritzen und Spalten kann dies eine große Rolle spielen.

Es werden kleine Bohrlöcher, auch durch Plastikfolie und Silikonabdichtungen, genagt. Dies ist nicht verwunderlich, denn der Brotkäfer ist ein naher Verwandter des Gewöhnlichen Nagekäfers, auch »Holzwurm« genannt.

Der Brotkäfer gilt als der häufigste Schädling im Haushalt, in Drogerien und in Apotheken. Sie schleppen ihn mit anderen Nahrungsmitteln, Gewürzen oder Kräutertees in Ihr Haus ein. Eine Zuwanderung des ursprünglich in wärmeren Klimagebieten beheimateten Brotkäfers aus Heustadeln oder Taubennestern, in denen er überwintert, ist ebenfalls möglich.

Am Ende der Larvenentwicklung verpuppt sich die Larve, und aus der Puppe schlüpft nach einiger Zeit der erwachsene Käfer. Dieser nimmt keine Nahrung mehr zu sich. Er paart sich nach dem Schlupf und legt Eier an geeigneten Nahrungsstellen ab, bevor er abstirbt. Im Jahr können sich 2 bis 3 Generationen entwickeln. Mit den Käfern ist überwiegend in den Monaten Februar, Juni und September zu rechnen.

Schäden

Fraß und Zerstörung der angegebenen Nahrungsmittel und Gegenstände. Gesundheitliche Beeinträchtigungen sind nicht bekannt. Brotkäfer übertragen keine Krankheiten.

Bekämpfung

Bei leichtem Befall reicht es, die betreffenden Vorräte im Backofen zu erhitzen oder eine Woche lang bei –18 °C einzufrieren.

Bei Befall müssen Sie die Vorräte gleich in die Mülltonne außerhalb des Hauses werfen und den Lagerungsort gründlich mit dem Staubsauger reinigen sowie allfällige Ritzen mit einem Fön erhitzen. Den Staubsaugerbeutel ebenfalls wegwerfen oder im Backofen für 30 Minuten auf 60 °C – in einem Topf mit Deckel – aufheizen.

Nicht sichtbar befallene Vorräte vorbeugend für 30 Minuten auf 60 °C erhitzen oder bei –18 °C eine Woche lang einfrieren; ansonsten regelmäßig kontrollieren.

Vorsorglich sollten Sie Ihre Vorräte in fest verschließbaren Gefäßen (in Dosen oder Schraubdeckelgläsern) aufbewahren.

Ritzen zwischen Dielen und hinter Fußbodenleisten sind schwer zu säubern und sollten mit Diatomeenerde **1** und/oder Boraxpulver bzw. Borsäure **2** eingestäubt werden.

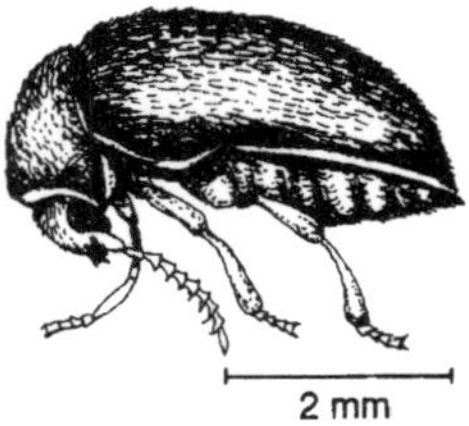

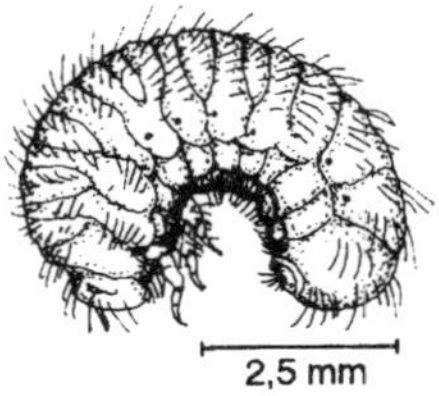

Tabakkäfer

Lasioderma serricorne

Bestimmung

Der Tabakkäfer ist ein 2 bis 4 Millimeter langer rotbrauner, behaarter Käfer, der den Kopf weit »einzieht«. Bei Störung stellt sich der Käfer tot, indem er Beine und Fühler an den Körper heranzieht. Die Larven sind weiß bis gelblich, bis 5 Millimeter lang und braun behaart. Sie sind nach unten eingekrümmt und ähneln den Larven des verwandten Brotkäfers.

Vorkommen

Tabakkäferlarven ernähren sich – wie der Name schon sagt – von Tabak und Tabakprodukten, aber auch von Arznei- und Gewürzpflanzen, Reis, Erdnüssen, Feigen, Datteln, Paprikapulver, Chilipulver, Dörrobst, Kakao, Trockenfisch, Fleisch und Fleischwaren, Käse und Milchprodukten.

Die Tiere sind sehr wärmebedürftig. Die vollständige Entwicklung wird erst bei Temperaturen über 21 °C möglich und braucht zur Ausbildung einer Generation etwa ein Jahr.

Schäden

Befallene Produkte werden zerfressen und durchlöchert. Die Verunreinigung mit Kot, Larven- und Puppenhäuten und den lebenden Stadien machen sie unbrauchbar.

Gesundheitliche Auswirkungen auf den Menschen sind nicht bekannt.

Bekämpfung

Wegen der Wärmebedürftigkeit der Tabakkäfer sollten Nahrungsmittel kühl aufbewahrt werden. Bei Befall lassen Sie die Heiztemperatur im Winterhalbjahr nicht über 21 °C steigen. Ritzen zwischen Dielen und hinter Fußbodenleisten sind schwer zu säubern und sollten mit Diatomeenerde **1** und/oder Boraxpulver bzw. Borsäure **2** eingestäubt werden.

Befallene Vorräte müssen in die Mülltonne außerhalb des Hauses entsorgt werden. Vorräte und Lebensmittel sollten in verschließbaren Behältern aufbewahrt werden. Kontrollieren Sie häufig auf übersehenen oder neuen Befall. In hartnäckigen Fällen besteht die Möglichkeit, Pheromonfallen (Pheromone = Lockmittel)* für Tabakkäfer einzusetzen.

Im Winter können Sie Vorratsschränke und -räume beim Querlüften mit durchlüften, um Temperatur und Luftfeuchtigkeit zu senken.

* Pheromonfallen sind nicht wahllos einsetzbar – sie können die Population außerhalb der eigenen vier Wände anlocken …

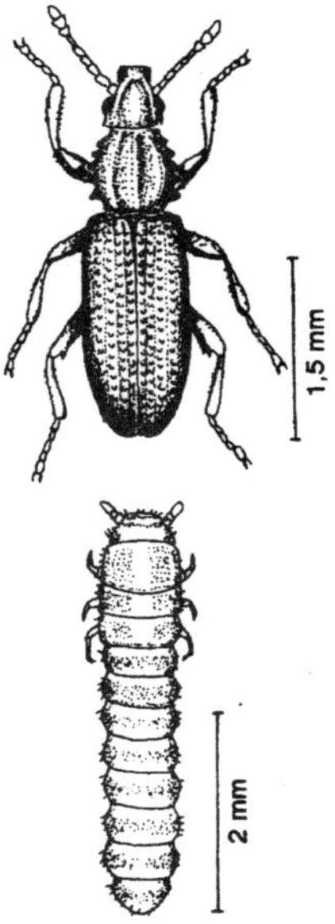

Getreideplattkäfer

Oryzaephilus surinamensis

Bestimmung

Getreideplattkäfer haben einen braunen, langgestreckten Körper von 2,2 bis 3,25 Millimetern Länge. Kopf, Brustabschnitt und Hinterleib sind jeweils durch taillenförmige Einschnitte voneinander getrennt.

Die bis zu 4 mm langen Larven besitzen einen dunkleren Kopf und auf jedem Hinterleibsglied dunkle Rükkenplatten mit Aufhellungen in der Mitte.

Vorkommen

Der Getreideplattkäfer ist ein typischer Vorratsschädling an Getreide und Mehl. Man findet ihn aber auch an Getreideprodukten, Samen, Backobst, Nüssen, Rosinen und anderen kohlenhydratreichen Produkten.

Das Weibchen legt bei ausreichender Wärme und Feuchtigkeit der Nahrungsmittel bis zu 485 Eier ab. Die Gesamtentwicklung ist in 1 bis 2 Monaten abgeschlossen. Die Lebensdauer der Käfer liegt bei 6 bis 9 Monaten. Sowohl die Larven als auch die ausgewachsenen Tiere fressen an den genannten Nahrungsmitteln. Ganze Körner werden nur nach vorheriger Beschädigung angefressen.

Schäden

Nahrungsmittel werden durch Verunreinigungen und die Ausscheidungen der Insektenkörper unbrauchbar. Getreide wird feuchtklumpig und verliert seine Backfähigkeit. Außerdem kann ein feuchter und muffiger

Geruch auftreten. Krankheiten werden nach vorliegenden Erkenntnissen nicht übertragen.

Bekämpfung

Befallene Lebensmittel außerhalb des Hauses entsorgen.

Vorratsräume und -schränke sollten regelmäßig ausgeräumt, ausgesaugt und trocken gereinigt werden. Ecken und Ritzen werden zur Abtötung von Eiern, Larven und Käfern mit dem Fön erhitzt. Sie sollten kein Schrankpapier verwenden, da sich darunter Schlupfwinkel ausbilden.

Noch nicht sichtbar befallene Lebensmittel vorsorglich eine Woche lang einfrieren oder im Backofen auf 60 °C für 30 Minuten erhitzen. Bei Backgetreide und -mehl ist zur Erhaltung der Backfähigkeit das Einfrieren vorzuziehen.

Nahrungsmittel möglichst kühl, trocken und vor allem vorsorglich in Schraubdeckelgläsern oder anderen fest verschließbaren Behältern aufbewahren.

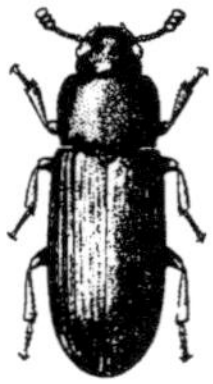

Reismehlkäfer, rotbrauner

Tribolium castaneum

Bestimmung

Reismehlkäfer erreichen eine Länge von rund 2,5 bis 4,4 Millimetern und haben eine längliche Form. Brust und Hinterleib des rotbraunen Käfers gehen optisch ineinander über. Seine Fühler sind am Ende keulenförmig verdickt.

Die bis zu 8 Millimeter langen Larven sind gelb oder gelbbraun gefärbt und mit kurzen gelben Haaren besetzt.

Bei starkem Befall entsteht durch Chinonausscheidungen (aromatische Verbindungen) ein scharfer Geruch.

Vorkommen

Reismehlkäfer ernähren sich von Mehl, besonders Reis und Reismehl, Getreide und Getreideerzeugnissen, Back- und Teigwaren, Erbsen, Bohnen, Sämereien, Erdnüssen, Rosinen, Kakao, Feigen, Gewürzen, getrocknetem Pflanzenmaterial, besonders Arznei- und Gewürzkräutern. Getreidekörner und andere Körnerfrüchte werden erst nach einer Beschädigung unregelmäßig an- oder ausgefressen.

Schäden

Die befallenen Produkte zeigen äußerliche und innere Fraßschäden. Sie sind mit Kot, Larven, Puppen und Häutungsresten durchsetzt; sie riechen muffig und dumpf. Mehl verfärbt sich rosa und riecht nach den Chinonsekreten der Käfer. Der Käfer kommt als Zwischenwirt und Überträger von Bandwürmern in Betracht.

Bekämpfung

Befallene Vorräte müssen entfernt werden. Nicht sichtbar befallene Vorräte können im Backofen auf 60 °C für 30 Minuten erhitzt oder eine Woche lang eingefroren werden. Weiterhin müssen die Vorräte regelmäßig kontrolliert werden. Eine Aufbewahrung von Nahrungsmitteln in verschließbaren Behältern verhindert Neubefall und unkontrollierte Ausbreitung eines bestehenden Befalls sowohl dieser als auch anderer Vorratsschädlinge. Die Vorratsschränke werden außerdem gereinigt und deren Ritzen mit dem Fön erhitzt. Reismehlkäfer sind kälteempfindlich. Unterhalb von 13 °C schlüpfen weder Larven aus den Eiern, noch überleben bereits geschlüpfte Larven. Lediglich die ausgewachsenen Käfer überdauern noch eine Zeitlang.

Im Winter sollten Sie beim Querlüften der Wohnräume Vorratsschränke und -räume regelmäßig mit belüften. Bei Befall unter Einbauküchen können Fußleisten geöffnet und nach gründlicher Reinigung eine hauchdünne Schicht von Borax oder Borsäure **2** gestäubt werden. Sind Boden und Wände trocken, ist Diatomeenerde **1** ebenfalls zur Abtötung eines Restbefalls wirksam.

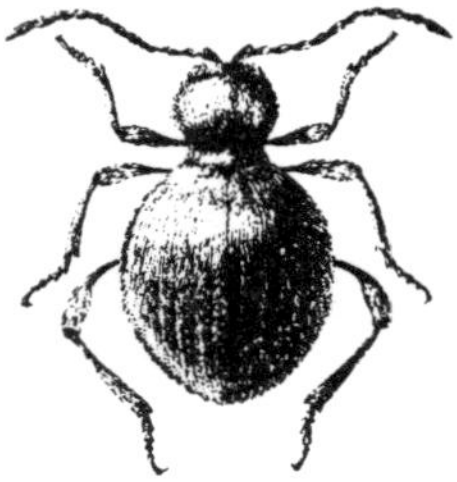

Messingkäfer

Niptus hololeucus

Bestimmung

Dieser 2,6 bis 4,6 Millimeter lange, fast spinnenartige Käfer bekam seinen Namen aufgrund seiner goldgelben Haare, die den ganzen seidenartigen Körper bedecken. Kopf und Körper erinnern an einen Schneemann. Messingkäfer sind nachtaktiv und flugunfähig. Sie bevorzugen feuchte Räume wie Badezimmer. Die Larven werden bis zu 7 Millimeter lang und sind weiß bis gelblich und rotbraun behaart. Ähnliche Arten sind Diebskäfer und Kugelkäfer.

Vorkommen

Pflanzliche und tierische Stoffe werden von Larven und Käfern angefressen, Larven leben verborgen in Zwischendeckenfüllungen, im sogenannten Spreu oder Kaff von Altbauten.

Sie besiedeln Mühlen, Bäckereien, Museen, Lager und Wohnungen.

Sowohl die Larven als auch die Käfer fressen an Vorräten und Materialien.

Schäden

Vorräte und Materialien, auch Textilien werden zerstört und verunreinigt. Gesundheitsschäden durch Messingkäfer sind nicht bekannt.

Bekämpfung

Falls Sie einen Altbau renovieren, achten Sie auf Larven in den Zwischendeckenfüllungen. Sicherheitshalber sollten Sie lieber gleich neue Isolierungen einbauen. Beim Auftreten nach Abschluß von Renovierungsarbeiten bleibt nur, nach der Quelle zu suchen oder einzelne Tiere mit Leimtafeln oder feuchten Tüchern wegzufangen. Beim abendlichen Lüften Licht ausschalten, da auch eine Zuwanderung aus Vogelnestern unter Dachvorsprüngen möglich ist. Die Nester müßten gegebenenfalls nach der Brut entfernt werden.

Vorräte in fest verschlossenen Behältern aufbewahren und Textilien mit Neem-Produkten **3** schützen.

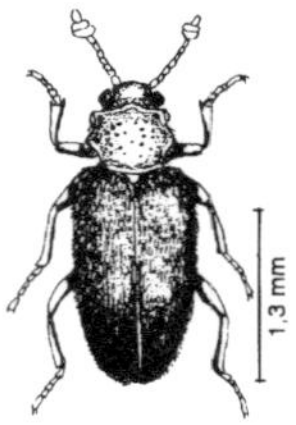

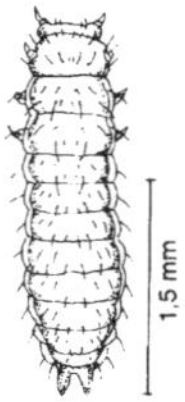

Schimmelkäfer

Cryptophagus spec.

Bestimmung

Als Schimmelkäfer werden kleine, selten über 3 Millimeter lange, einander sehr ähnliche Arten bezeichnet. Sie sind braun bis dunkelbraun gefärbt und langoval bis gestreckt in der Körperform.

Die Fühler sind keulenartig verdickt. Die Larven werden bis 3 Millimeter lang, sind weiß bis gelblich gefärbt und leicht behaart.

Vorkommen

Käfer und Larven sind »Aasfresser« und ernähren sich überwiegend von Schimmelpilzen, modrigen Pflanzenteilen und schimmeligen tierischen Produkten. Deshalb sind sie vor allem in feuchten Kellern anzutreffen. Sie bevorzugen Luftfeuchtigkeiten über 85%.

Schäden

Der Massenbefall kann sehr lästig und ekelerregend sein. Vor allem ist die ursächliche Feuchtigkeit und Schimmelbildung als gesundheitlich bedenklich einzustufen.

Bekämpfung

Zunächst sollten Sie durch Reinigung und Trockenlegung der entsprechenden Räume die Ursachen beheben. Bei erwünscht feuchten Lagerräumen für Kartoffeln und Gemüse (Äpfel nicht zusammen mit Kartoffeln lagern!) sollten Sie das Lagergut häufig kontrollieren und Verfaultes entfernen. Eine bessere Kontrolle und

Belüftung gelingt mit einer Regallagerung. Kleinere Chargen können auch in Netzen an die Decke gehängt werden. Getreide, Mehl, Backwaren und andere Trokkenprodukte in trockenen Räumen lagern.

Bei unerwünscht feuchten Räumen müssen Heiz- u. Lüftungstechniken oder Bausubstanzmängel überprüft werden.

Sind die Ursachen ausreichend beseitigt, verschwinden auch die Schimmelkäfer.

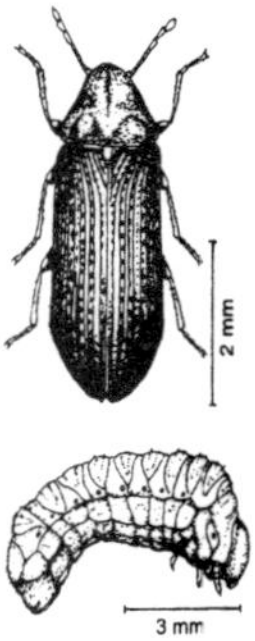

Nagekäfer oder »Holzwurm«

Anobium spec.

Bestimmung

Die braunen oder mehrfarbigen Käfer werden 3 bis 5 Millimeter lang. Allen gemeinsam ist der tief unter den Brustschild eingezogene Kopf, so daß er bei Aufsicht nicht zu sehen ist. Weit verbreitet ist der Gewöhnliche Nagekäfer *(Anobium punctatum)*. Meist erkennt man zuerst die Löcher im Holz, die seine Larven als sogenannte »Holzwürmer« hinterlassen. Je nach Art beträgt der Durchmesser der runden Fluglöcher 1 bis 4 Millimeter.

Vorkommen

Nagekäfer sind Holzschädlinge. Sie zerstören sowohl Nadel- als auch Laubholz. Die Käfer fliegen von Mai bis August und legen ihre Eier in Ritzen und Spalten, oft in alte Bohrlöcher. Die Larven, die eigentlichen »Holzwürmer«, fressen in Bauholz, verarbeitetem Nadel- und Laubholz, Dachbalken, Möbeln, Treppengeländern und anderen Holzteilen Fraßgänge über einen Zeitraum von 2 bis 3 Jahren. Die Puppenruhe dauert einige Wochen. Dann schlüpfen die geschlechtsreifen Käfer, nagen ein rundes Flugloch und fliegen aus.

Aktueller Befall ist nicht immer an Bohrmehl zu erkennen. Dies kann durch Erschütterungen noch Jahre nach einem Befall aus den Gängen rieseln.

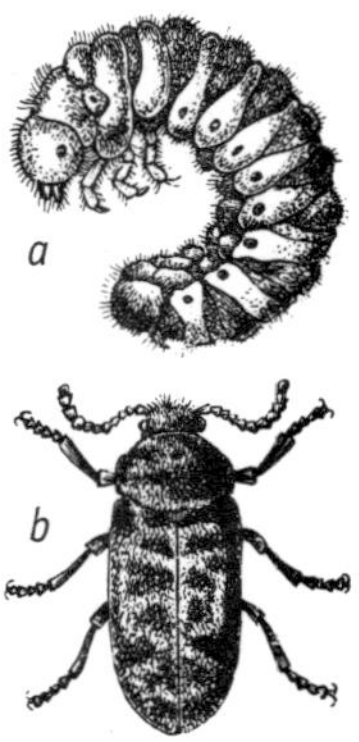

Klopfkäfer
a Larve b Puppe

Schäden

Das Holz kann so weit zerfressen werden, daß schließlich nur noch die Oberfläche erhalten bleibt.

Bekämpfung

Starke, dauernde Trockenheit zentralbeheizter Wohnungen verlangsamt die Entwicklung der Klopfkäfer so sehr, dass sie keinen nennenswerten Schaden anrichten können. Nach einigen Jahren sterben die Larven ab.

Durch konstruktiven Holzschutz kann das Bauholz am Haus vor Feuchtigkeit geschützt werden. Borsalzimprägniertes **29** Holz ist für niederschlagsgeschütze Lagen am Bau zu empfehlen. Aushärtende Lösungen aus mineralischen und pflanzlichen Bestandteilen eignen sich als ungiftiger vorbeugender Holzschutz und zur Bekämpfung **28** von Holzschädlingen.

Die gängigen Holzschutzmittel mit giftigen Wirkstoffen sind für Innenräume *nicht geeignet.*

Befallene kleine Möbel können Sie für 1 Woche Temperaturen von weniger als –18 °C aussetzen oder in einer Sauna erhitzen. Wertvolle Teile werden vom Fachmann in Klimakammern feuchtigkeitsgesteuert erhitzt. Adressen findet man in den einschlägigen Telefon-Branchenbüchern unter Holz- und Bautenschutz. Der DSV, Deutscher Schädlingsbekämpferverband, Laudenbach (s. Adressenteil), nennt Ihnen ebenfalls Ansprechpartner.

Zur Begasung mit Salmiak werden befallene Teile in Plastik gehüllt, eine Schale mit Salmiak wird beigestellt. Am besten in der prallen Sonne durchführen, damit der Salmiak noch stärker verdunstet.

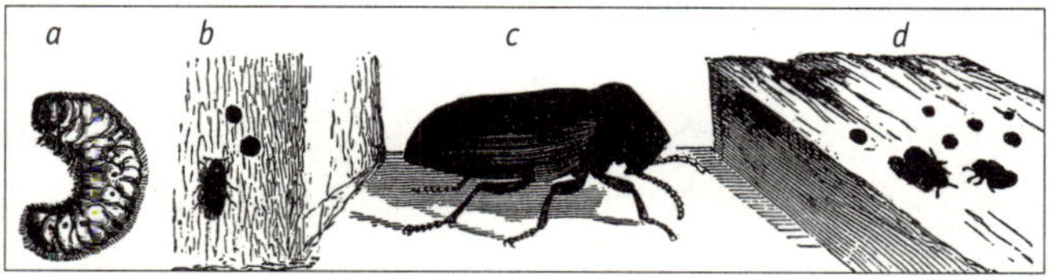

Totenuhr (Anobium molle)
a Larve vergrößert
b und d Käfer in natürlicher Größe
c vergrößert

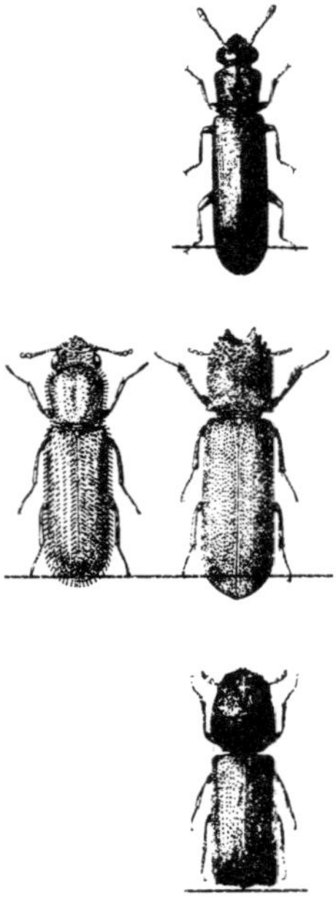

Splintholzkäfer/ Parkettkäfer

Familie Lyctidae

Bestimmung

Splintholzkäfer sind 2,5 bis 5 Millimeter lange, schlanke braune Käfer mit einem langgestreckten Halsschild. Die 3 bis 4 Millimeter langen Larven im Holz ähneln denen der Klopfkäfer. Die Fluglöcher haben einen Durchmesser von etwa 1 mm und ausgefranste, unregelmäßige Ränder.

Vorkommen

Larven der Splintholzkäfer kommen nur in Laubholz, vielfach in Importware, in Schnitt- und Sperrholz auf Holzlagern und in Möbelstücken vor. Bei Erschütterungen rieselt kein Bohrmehl herunter. Die im Mai und Juni schlüpfenden Käfer fliegen ans Licht (Fenster!).

Es wird auch relativ trockenes Holz im Feuchtebereich ab 7% befallen.

Schäden

In Laubhölzern erzeugen die Splintholzkäfer ähnliche Fraßbilder wie der Gewöhnliche Nagekäfer. Sie zerstören das äußere Splintholz jedoch noch stärker, so daß von ihm nur noch eine pulverförmige Masse übrigbleibt. Das ganze Splintholz kann in Bohrmehl verwandelt sein, aber eine papierdünne Oberflächenschicht bleibt immer verschont. Bei entsprechender Trockenheit des Holzes kommt jedoch ein bestehender Befall zum Stillstand, daher zum Beispiel bei Möbelstücken erst prüfen, ob noch neue Löcher hinzukommen, indem die alten Löcher mit Holzwachs verschlossen werden.

Bekämpfung
Splintholzkäfer sind wärmebedürftig. Frostige Temperaturen im Winter werden schlecht vertragen. Möbelstücke können an solchen Tagen und Nächten ins Freie gebracht werden. Die Hitze der Sauna oder bei kleineren Teilen wie Spielzeug aus Tropenholz genügt auch ein Backofen bei 60 °C für 1 bis 2 Stunden, um die Larven abzutöten. Weitere Möglichkeiten sind Anstriche oder Bohrlochtränkung mit Borsalzlösung **29** oder einem ungiftigen Mittel auf der Basis von mineralischen und pflanzlichen Bestandteilen **28**.

Die Holzschutzmittel mit insektiziden Wirkstoffen sind für Innenräume *nicht* geeignet.

6.2 Braune Schaben 11 bis 14 Millimeter Länge

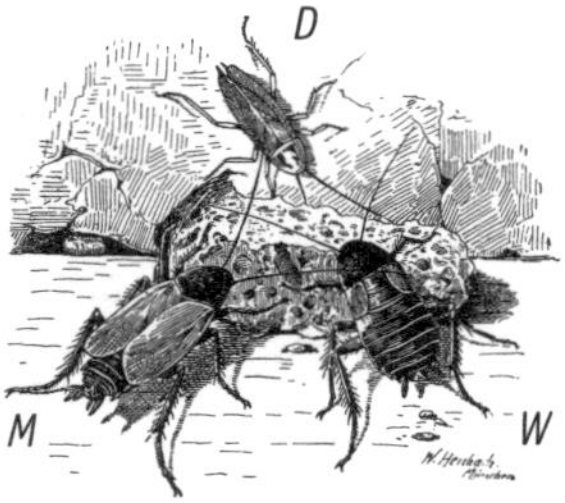

D Deutsche Schabe im Vergleich mit Oriental. Schabe: M Männchen, W Weibchen

Mundteile der Küchenschabe

Deutsche Schabe/Küchenschabe

Blattella germanica

Bestimmung

Deutsche Schaben haben einen schlanken Körper von 11 bis 14 Millimetern Länge. Die Vorderflügel sind verkümmert und lederartig versteift, die Hinterflügel hautartig und länger als der lehmfarbene bis schmutziggelbe Körper. Schaben erkennt man an der Körpergröße und den schnellen, huschenden Bewegungen. Sie sind nachtaktiv. Verwechslungsmöglichkeit besteht mit den erheblich größeren schwarzen Orientalischen Schaben (Kakerlaken, s. Abbildung Männchen / Weibchen) und der Waldschabe.

Vorkommen

Schaben sind Allesfresser. Sie fressen an Lebensmitteln und Vorräten aller Art; in Hotels, Gastronomiebetrieben, Heimen, Krankenhäusern, Bäckereien etc. (s. Oriental. Schabe). Sie werden aus solchen Betrieben eingeschleppt oder wandern aus der Kanalisation zu.

Die braunen Eipakete enthalten im Durchschnitt 30 Eier und werden von den Weibchen 4 Wochen am Hinterleib getragen. Normalerweise schlüpfen die Larven unmittelbar nach der Ablage der Eipakete aus und werden innerhalb von 2–3 Monaten geschlechtsreif. Eipakete können von sterbenden Weibchen vorzeitig abgelegt werden und bis zum Schlupf der Junglarven nachreifen. Die Eipakete sind sehr widerstandsfähig gegenüber Insektiziden und sichern auf diese Weise das Überleben der Schabenbevölkerung. Bevorzugt werden feuchtwarme Orte, man findet sie in Elektrogeräten, in Heizungsrohrsystemen, in Abfall und an Fäkalien. Deutsche Schaben können an Wänden und Decken laufen und auch 5–10 cm weit springen.

Schäden

Die Tiere befressen und verunreinigen die befallenen Nährsubstrate durch Kot (schwarze harte Krümel) und Häutungsreste. Beide Abscheidungen enthalten Substanzen, die allergische Reaktionen auslösen können. Es werden durch Belaufen von Abfall und Fäkalien Krankheitskeime bis hin zu Bandwürmern verschleppt. Im Kropf der Schaben findet sogar eine Vermehrung von Salmonellen statt. Schaben sind die Hygieneschädlinge mit der größten Bedeutung.

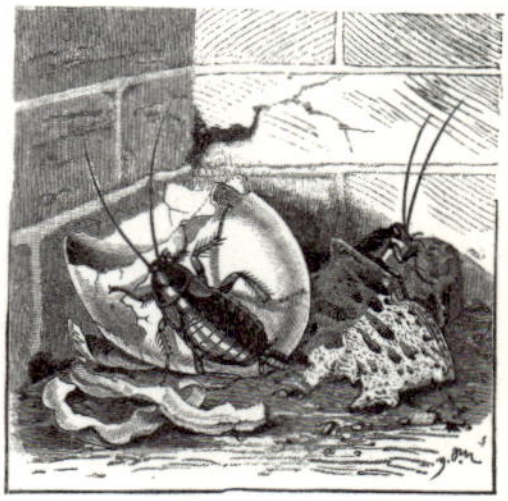

Weibchen mit Eierpatrone

Bekämpfung

Schaben sind selten ohne fachliche Unterstützung zu beseitigen.

Es stehen Schädlingsbekämpfern insektizide Gele zur Verfügung, die beispielsweise mikroverkapselte Wirkstoffe, die nicht so leicht in die Atemluft entweichen, oder den Wirkstoff Fipronil enthalten. Durch Einsatz dieser Mittel ist die Rückstandsproblematik deutlich gegenüber den Spritzmitteln aus der Gruppe der Pyrethroide oder anderer Gruppen vermindert. Eine gute alternative Methode bietet der Einsatz von Wachstumsreglern, die in den Hormonhaushalt eingreifen.

Deutsche Schabe

Wer es trotzdem zuerst probieren möchte, der Plage selber Herr zu werden, kann Köder aus Zucker, Margarine und Borsäure (50 Gew%) herstellen. Vorsicht! Bei Verzehr giftig! Kinder- und haustiersicher und an »Laufstraßen« auslegen.

Leimfallen oder -streifen **18, 20, 21** eignen sich zur Befallsreduzierung und zur Findung der Schlupfwinkel, reichen jedoch meistens als alleinige Maßnahme nicht aus. Weitere Maßnahmen sind: Schlupfwinkel mit Borsäure **2** und/oder Diatomeenerde **1** bestäuben und abdichten. Schwierig gestaltet sich die Bestimmung der Befallsstärke. Zitat eines Schabenexperten: »Wo eine Schabe herumläuft, war in den Verstecken kein Platz mehr!«

Ein strenges Hygiene- und Abfallmanagement ist unerläßlich. Unter anderem sollten keine Speisen offen stehenbleiben. Abfälle werden in Behältern mit Deckel gesammelt und täglich aus dem Haus in die Mülltonne entleert.

Auch nach einer erfolgreichen Maßnahme durch einen Schädlingsbekämpfer sollten Speisen und Lebensmittel weggeräumt und alle Spalten und Ritzen abgedichtet werden. Stellen Sie zur Kontrolle Leimfallen auf!

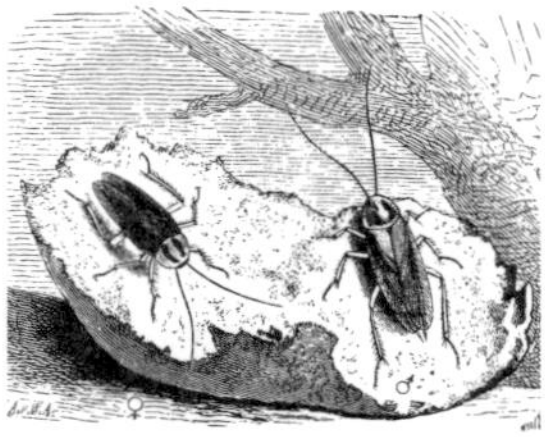

Deutsche Schabe

Sowohl die Deutsche Schabe als auch die Orientalische Schabe wurden aus wärmeren Ländern eingeschleppt. Die Waldschabe ist dagegen eine der wenigen einheimischen Schaben. Sie lebt im Gras, auf Büschen und Bäumen. Die Waldschabe ist harmlos. Männchen fliegen gelegentlich zu, wenn spätabends bei Licht gelüftet wird, die Weibchen können nicht fliegen. Waldschaben sind braun, etwas kleiner als die Deutsche Schabe (7–12 mm) und bewegen sich weit langsamer als diese und der Kakerlak. Vorkommen: Mai bis September.

→ Orientalische Schabe (Kakerlak) siehe Seite 41.

6.3 Schwarze Käfer Länge bis 5 Millimeter

Kornkäfer

Sitophilus granarius

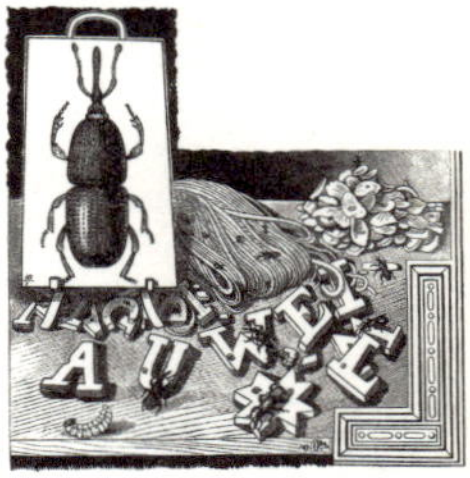

Kornkäfer

Bestimmung

Der Kornkäfer ist ein schwarzer bis dunkelbrauner, 2,5 bis 5 mm langer Käfer. Er gehört zu den Rüsselkäfern, d. h., seine oberen Mundwerkzeuge sind zu einem gut erkennbaren Rüssel umgeformt, und seine Fühler sind charakteristisch gewinkelt. Der Kornkäfer kann nicht fliegen.

Ein Verwandter des Kornkäfers mit 4 hellen, rötlichen Flecken ist der flugfähige Reiskäfer. Die Larven sind denen des Kornkäfers sehr ähnlich.

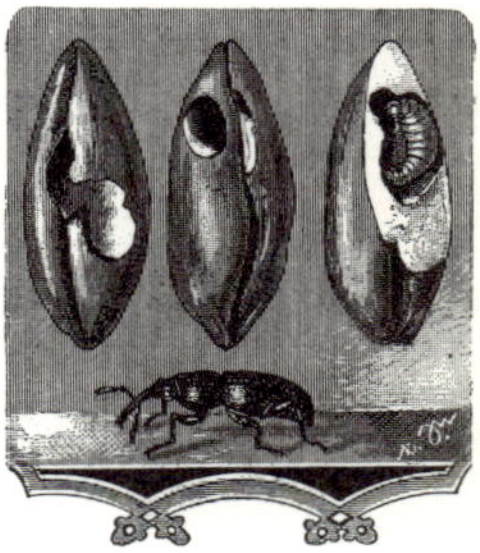

Kornrüßlerlarve an Weizen, unten der Käfer

Vorkommen

Den Kornkäfer findet man an den Körnern von Roggen, Weizen, Hafer, Gerste, geschältem Reis, an Mais, Teigwaren, Eicheln, Buchweizen, Mehl, Kleie und Schrot. Die weichen, weißen, etwa 2 mm langen Larven, die sich in den Körnern entwickeln, sind an der typischen Krümmung gut zu erkennen. Sie höhlen das Korn von innen aus; der erwachsene Käfer dagegen frißt außen. Die Entwicklungszeit des Kornkäfers beträgt je nach Temperatur 1,5 bis 6 Monate. In der Regel kommt es gleich nach der Ernte durch befallene Säcke oder Transportmittel zu einem Befall. Dieser Käfer ist der häufigste Schädling des Lagergetreides.

Insbesondere bei Einkauf von Getreide aus biologi-

Kornwurm

schem Anbau kann es zu einer Verschleppung in den Haushalt kommen.

Der Reiskäfer ernährt sich ähnlich wie der Kornkäfer, bevorzugt aber Gerste. Er wird aus wärmeren Ländern eingeschleppt und geht aber bei kühlen Wintertemperaturen Mitteleuropas bald ein.

Schäden

Fraß an den genannten Vorratsgütern. Befall breitet sich jedoch nicht darüber hinaus aus. Kornkäfer übertragen keine Krankheiten.

Bekämpfung

Bei Befall Vorräte wegwerfen und Lagerungsort gründlich mit dem Staubsauger reinigen, trocken auswischen und Ritzen fönen.

Nicht sichtbar befallene Vorräte sollten Sie vorbeugend auf 60 °C für 30 Minuten erhitzen oder bei –18 °C eine Woche lang einfrieren; ansonsten regelmäßig kontrollieren.

Vorräte werden in festverschließbaren Gefäßen oder Schraubdeckelgläsern aufbewahrt.

Bei Befall hinter und unter Einbauküchen oder in Ritzen und anderen unzugänglichen Stellen ist das Stäuben von Diatomeenerde 1 oder Borax bzw. Borsäure 2 sinnvoll.

Pelzkäfer

Attagenus pellio

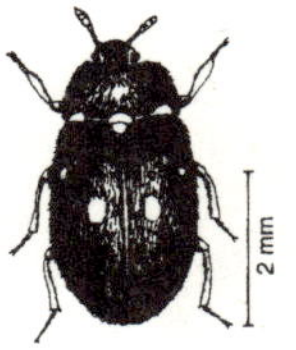

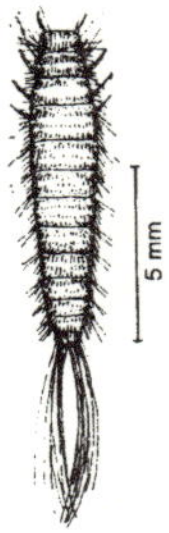

Bestimmung

Der Pelzkäfer ist ein glänzend schwarzer Käfer von 4 bis 5 Millimeter Länge mit zwei weißen Punkten auf den Flügeldecken. Eine weitere verwandte Art ohne weiße Punkte kann ebenfalls vorkommen. Die länglichen Larven sind goldgelb bis bronzefarben. Sie haben glänzende, kurze Haare und am Körperende einen langen, hellbraunen Haarpinsel.

Der Kopf bildet die breiteste Stelle, und der Körper verjüngt sich allmählich Richtung Schwanzende. Sie bewegen sich ruckartig und recht schnell. Eine Verwechslung mit Silberfischchen(s. S. 99) ist möglich. Die Pelzkäferlarven stellen sich bei Störung tot.

Vorkommen

Während die Käfer sich von Blütenpollen und Nektar, insbesondere von Schlehen, Weißdorn und Ebereschen, ernähren, fressen die Larven Wolle, Federn, Pelze, Vorhänge, Seiden- u. Kunstseidenstoffe, Getreideprodukte, trockene Fleischwaren und tote Insekten. Pelze werden abrasiert. Die Weibchen legen 40–50 Eier; die Entwicklungszeit zum erwachsenen Käfer dauert etwa 1 Jahr, meist aber 2 bis 3 Jahre: Deshalb ist ein Massenbefall die Ausnahme. Als Befallsquelle kommen unter anderem Vogelnester am Haus in Frage.

Schäden

In Stoffen und Teppichen treten unregelmäßig geformte Löcher auf. Fraß an Pelzen beginnt am unteren Ende der Haare, so daß diese büschelweise ausfallen. Pelzkäfer sind überwiegend Textilschädlinge, jedoch sind starke Vorkommen in Isolierfüllungen mit Füllmaterial aus Wolle und Haaren ebenfalls möglich. Die Pelzkäferlarven können allergische Reaktionen auslösen.

Bekämpfung

Die in der Wohnung fertig entwickelten Käfer streben ins Freie und sind deshalb an der Innenseite der Fenster anzutreffen. Das Einfachste ist, sie abzusammeln und nach draußen zu befördern. Ein Befall in Zwischendeckenfüllungen ist ebenso wie ein Befall mit dem Messingkäfer kaum endgültig zu bekämpfen. Bei Renovierungsarbeiten muß das Material gründlich entfernt werden. Ansonsten werden die herausfliegenden Käfer abgefangen.

In den Dielenritzen älterer Häuser sammeln sich Haare und Wollfusseln an, die eine ausgezeichnete Ernährungsgrundlage für die Larven bilden. Hier gilt es, die Ritzen mit Diatomeenerde **1** oder Borax bzw. Borsäure **2** einzustäuben und eventuell mit Silikon oder anderen Materialien abzudichten. Auch Vogelnester am Haus sollten entweder nach der Brut entfernt werden oder die Räume mit Insektengittern am Fenster vor der Käferinvasion geschützt werden. Das Einmotten der Winterkleidung soll nach den Regeln für Kleidermottenschutz erfolgen. Sprühmittel mit Wirkstoffen auf der Basis von Neem-Extrakten **3** können Wolle, Pelze und Teppiche für einige Monate gegen den Larvenfraß schützen.

6.4 Schwarze Käfer und Schaben
11 bis 25 Millimeter Länge

Mehlkäfer

Tenebrio molitor

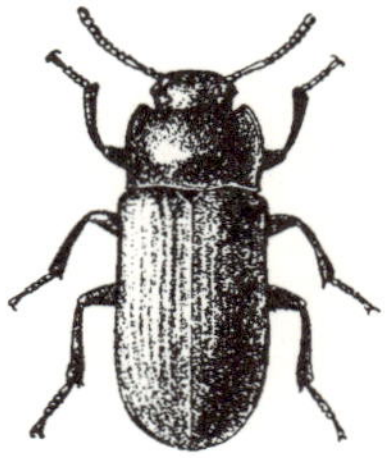

Bestimmung

Der Mehlkäfer ist ein glänzend schwarzbrauner, auf der Bauchseite rotbrauner, bis zu 18 Millimeter langer Käfer mit feinen Punktstreifen auf den Flügeldecken. Seine Larven, die sogenannten »Mehlwürmer«, werden bis zu 20 mm lang und sind rund und gelblichbraun.

Vorkommen

Mehlkäfer und seine Larve

An Getreide, Getreideprodukten, besonders Backwaren und Mehl, an trockenem Tabak. Körner werden an- oder ausgefressen. Die Nahrungsmittel sind mit Kot, Larven, Puppen und Insektenhäuten durchsetzt. Früher häufig in Brotkisten und in Bäckereien, aber heute seltener geworden.

Ein Weibchen legt einige Wochen lang bis zu 40 Eier am Tag in geeignetes Nährsubstrat ab. Die Gesamtentwicklung dauert mindestens 1 Jahr. Deshalb ist ein Massenbefall selten.

Gelegentlich ernähren sich die Larven von Holzschädlingen im Holz oder leben in Tauben- und anderen Vogelnestern. Käferfunde auf dem Dachboden führen manchmal zu Verwechslungen mit dem Hausbockkäfer.

Schäden

Die Nährsubstrate zeigen äußerliche Fraßbeschädigungen, das Innere ist mehr oder weniger zerfressen. Mehl wird bei Befall klumpig, riecht muffig und verliert seine Backfähigkeit.

Mehlkäfer gelten als Zwischenwirte und potentielle Überträger des Rattenbandwurms.

Bekämpfung

Durch Sieben können Sie Mehlvorräte kontrollieren und bei Befall wegwerfen. Ansonsten gilt wie auch bei anderen Vorratsschädlingen, daß die Vorräte nur in festschließenden Behältnissen aufbewahrt werden und auf Sauberkeit in Schränken geachtet werden sollte. Mehlkäfer führen selten zu einer Massenvermehrung, so daß einfache Hygieneregeln zur Beseitigung ausreichen.

Orientalische Schabe

Blatta orientalis

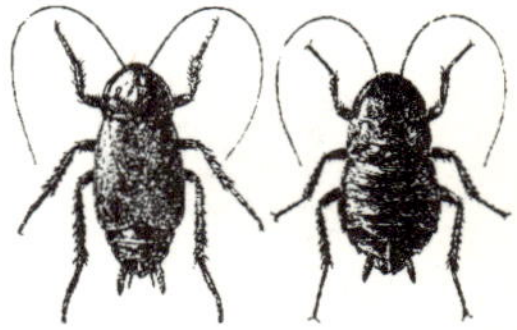

Bestimmung

Die schwarzen Männchen sind 21 bis 25 Millimeter lang und haben Flügel, die 2/3 des Hinterleibs bedecken. Die manchmal eher bräunlichen Weibchen dagegen sind 22 bis 28 Millimeter lang, ihre Vorderflügel sind kurz und zurückgebildet, Hinterflügel fehlen ihnen ganz. Die Tiere sind nachts aktiv.

Vorkommen

An Mehlwaren, Lebensmitteln sowie Speisen und Abfälle aller Art. Deshalb sind sie in Bäckereien, Großküchen, Krankenhäusern, Heimen, Lebensmittelgeschäften, Restaurants; in Kanalisationen, Kabel- und Lüftungsschächten und in (Heizungs-)Kellern anzutreffen.

Die Eipakete der Orientalischen Schabe sind kastanienbraun und enthalten je 16 Eier. Die Weibchen tragen das Eipaket 1 bis 5 Tage mit sich herum, um sie an geschützten, schwer zugänglichen Stellen abzulegen. Nach 2–3 Monaten schlüpfen die sehr kleinen Jungtiere aus. Die anschließende Entwicklung bis zur ausgewachsenen Schabe dauert 3 bis 4 Jahre. Während dieser Zeit sehen sie den erwachsenen Tieren ähnlich, eben nur kleiner. Schaben hinterlassen einen von Sekreten ihrer Stinkdrüsen herrührenden, unangenehmen Geruch in den Räumen, der auf die Nahrungsmittel übergeht.

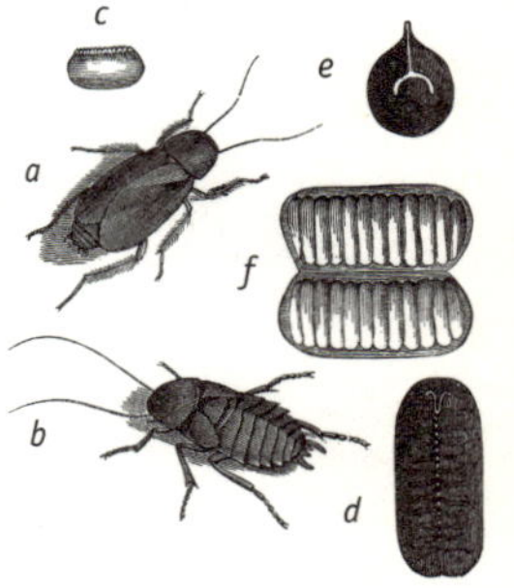

Küchenschabe
a Männchen
b Weibchen
c, d, e, f Eikapseln

Schäden

Die Produkte werden durch den abgesonderten Geruch,

Körperpartikel, Eipakete und Kot verdorben. Diese Abscheidungen enthalten Substanzen, die allergische Reaktionen auslösen können. Es werden durch Belaufen von Abfall und Fäkalien Krankheitskeime bis hin zu Bandwürmern verschleppt. Im Kropf der Schaben findet sogar eine Vermehrung von Salmonellen statt. Schaben sind die Hygieneschädlinge mit der größten Bedeutung (siehe auch Deutsche Schabe Seite 32).

Bekämpfung

Oft sind umfangreiche Aufräumarbeiten in Kellern und Lagerräumen der erste Schritt, der Vermehrung Herr zu werden; Ritzen und Spalten werden verschlossen und Hohlräume mit Borax **2** oder Diatomeenerde **1** ausgestäubt. Köder aus Zucker, Margarine und zu 50 Gewichtsprozent Borsäure herstellen. Vorsicht! Diese Köder sind bei Verzehr giftig, daher auf jeden Fall kinder- und haustiersicher an »Laufstraßen« auslegen. Leimfallen oder Leimbänder **18, 20, 21** eignen sich zur Befallsreduzierung und zur Findung der Schlupfwinkel, reichen jedoch alleine nicht aus. Schabenbekämpfung erfordert oftmals die Sachkunde und auch die Bekämpfungsmöglichkeiten eines professionellen Schädlingsbekämpfers. Das großflächige Versprühen von langlebigen Giften ist inzwischen nicht mehr »Stand der Technik«. Verlangen Sie die Verwendung von mikroverkapselten Wirkstoffen oder Wachstumsregulatoren. Fragen Sie nach minimalriskanten Bekämpfungsmöglichkeiten im Sinne der integrierten Schädlingsbekämpfung (**14 Integrierte Schädlingsbekämpfung**).

→ Deutsche Schabe siehe Seite 32.

6.5 Mehrfarbige Käfer bis 5 Millimeter Länge

Kabinettkäfer

Anthrenus spec.

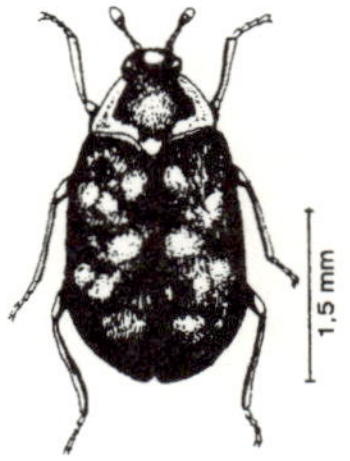

Bestimmung

Zu den Kabinett- oder Blütenkäfern gehören einige sehr ähnliche Arten. Beispielsweise der Wollkrautblütenkäfer *(Anthrenus verbasci)*, der Teppichkäfer *(Anthrenus scrophulariae)* oder der Museumskäfer *(Anthrenus museorum)*. Die Kabinettkäfer sind je nach Art 1,7 bis 4,5 Millimeter lang und haben eine ovale Form. Es sind lebhaft braunschwarz gefärbte Käfer mit unregelmäßig verteilten weißen Flecken auf den Flügeln. Der Teppichkäfer hat zudem noch rote Areale an der Flügelmittelnaht. Die gelbbraunen Larven sind bis zu 5 Millimeter lang und tragen Kränze dichter hellbrauner Haare und Pfeilhaarbüschel.

Vorkommen

Kabinettkäfer leben an Woll- und Pelzwaren. Die Larven ernähren sich von tierischen Produkten wie Wolle, Federn, Pelzen, trockenen Fleischwaren und toten Insekten. Die Weibchen legen 10 bis 20 Eier in dunkle Ritzen, aus denen schon wenige Tage später Larven schlüpfen. Deren sogenannte Pfeilhaare sind mit Giften bewehrt und können bei empfindlichen Menschen allergische Reaktionen auslösen. Vor der Verpuppung kriechen die Larven oft zur Zimmerdecke. Die nach der Verpuppung schlüpfenden Käfer suchen stets das Helle

(Fenster), um im Freien bis zur Geschlechtsreife an Blüten zu fressen. Häufig findet man sie an weißen Doldenblütern wie Kerbel. Dann suchen sie erneut dunkle Verstecke zur Begattung und Eiablage auf. Die Entwicklungsdauer beträgt ca. 1 Jahr. Die Weibchen des Kabinettkäfers können allerdings auch, anders als ihre verwandten Arten, ohne »Reifefraß« im Freien wieder Eier legen, so daß es zu Massenbefall kommen kann. Wegen des beschriebenen Verhaltens der Käfer ist aber ein ständiger Neubefall über mehrere Generationen sehr unwahrscheinlich.

Schäden

Schäden und völlige Zerstörung von Insektensammlungen, von Woll-und Pelzwaren, Teppichen, Daunen- und Federkissen.

Die abgebrochenen Haare der Larven im Hausstaub können Allergien auslösen.

Bekämpfung

Teppiche, Polstermöbel und Gardinen regelmäßig, auch an schwer zugänglichen Stellen, saugen oder ausklopfen.

Werden Fenster mit Fliegengittern versehen, kann der Zuflug verhindert werden. Beim abendlichen Lüften das Licht löschen.

Textilien wie Pelze und Wolle, die längere Zeit nicht gebraucht werden, legen Sie nur gereinigt oder gewaschen in den Schrank, denn Körpergeruch, Hautschuppen und Schweiß ziehen die Tiere an. Sprühen Sie gefährdete Kleidungsstücke mit Neem-Produkten 3 ein.

Bei Massenbefall kommen als Befallsquelle auch

verlassene Vogelnester in Hausnähe oder Zwischenbodenfüllungen aus pflanzlichem Material in Frage.

Larven und Käfer können Sie von den Wänden absaugen und zur Abtötung etwas Diatomeenerde 1 nachsaugen oder die Beutel in die Mülltonne außerhalb des Hauses entsorgen.

Siehe auch die Hinweise zu Kleidermotten Seite 61.

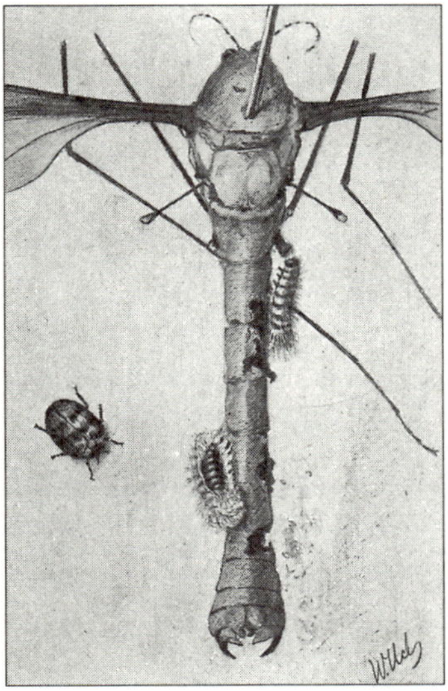

Kabinettkäfer und seine Entwicklungsstadien (oben Larve, unten Puppe) beim Zerstören eines Insekts in einer Sammlung.

Trogoderma angustum

Erkennen

Trogoderma angustum ist ein rund 2 bis 3 Millimeter langer, grauschwarzer Käfer mit drei zickzackförmigen hellen Querbinden auf den Flügeldecken.

Die gelbbraunen behaarten Larven werden inklusive Borstenschwanz bis zu 7 mm lang, ihre Segmente sind mit braunen Haargürteln und Pfeilhaarbüscheln besetzt. Die Pfeilhaare sowie der Borstenschwanz können bei Berührung aufgerichtet werden.

Vorkommen

Trogoderma angustum kommt an pflanzlichen und tierischen Vorräten und Produkten vor und breitet sich allmählich rund um die großen (Handels-)Städte aus. Er ist schon häufig zu einer Wohnungsplage mit zunehmender Bedeutung geworden, da die Larven sich von Fasern und Nahrungsresten in Dielenritzen ebenso wie von Vorräten und Wolle im Kleiderschrank und vielen anderen denkbaren Produkten ernähren können. Ihr Vorkommen läßt sich oftmals nicht auf wenige Stellen eingrenzen.

Schäden

Verunreinigungen der Vorräte, aber auch Beschädigungen von Kleidungsstücken und Sammlungen zählen zu den sichtbaren Schäden durch *Trogoderma angustum*. Zu den weniger leicht erkennbaren Gesundheitsschäden gehört die Gefahr von Allergien, die durch die leicht abbrechenden Pfeilhaare der Larven und das Einatmen des Hausstaubes ausgelöst werden können.

Bekämpfung

Befallene Vorräte müssen entfernt werden. Vorratsschränke und -räume werden gründlich gereinigt und Ecken und Ritzen mit dem Fön erhitzt. Nicht sichtbar befallene Vorräte werden im Backofen sicherheitshalber auf 60 °C für 30 Minuten erhitzt oder eine Woche lang eingefroren; ansonsten regelmäßig kontrollieren und in festen Behältern aufbewahren. Kleiderschränke werden gereinigt, Kleidung gewaschen, gereinigt oder einige Tage eingefroren und / oder mit Neem 3 behandelt . Ein Befall mit *Trogoderma angustum* ist oft sehr hartnäckig. In Altbauten müssen zusätzlich zu den genannten Maßnahmen auch Ritzen und Nischen mit Diatomeenerde 1 oder Borax 2 ausgestäubt und verschlossen werden.

Käfer und Larven des Trogoderma angustum

Speckkäfer
a Larve
b Puppe
c Käfer

6.6 Mehrfarbige Käfer Länge 6 bis 25 Millimeter

Speckkäfer

Dermestes lardarius

Bestimmung

Der Gemeine Speckkäfer ist ein braunschwarzer Käfer mit je einer gelbbraunen behaarten Querbinde mit drei schwarze Punkten im oberen Teil der Flügeldecken. Seine Körperlänge beträgt 7 bis 9 Millimeter. Die bräunlichen Larven sind bis 13 Millimeter lang; sie werden von vorn nach hinten schmaler. Die Oberseite ist mit Borsten und Haaren besetzt.

Vorkommen

In Lagern und Haushalten, an Speck, Fleisch und Fleischwaren, Käse, Trockenfisch, an Rohhäuten, Wolle, Wollstoffen, Pelzen, Zigarren und Flaschenkorken. Zur Verpuppung bohren sich die Larven auch in harte Materialien wie Holz.

Schäden

Bei Pelzen werden die Haarspitzen befressen; in Wollwaren und anderen Textilien fallen rundliche Löcher auf. Lebensmittel werden verdorben. Gesundheitliche Gefahren durch Speckkäfer sind nicht zu erwarten, wohl aber sind Allergien durch Larven möglich.

Bekämpfung

Fleisch und Käse sollten Sie möglichst kühl lagern.

Polstermöbel, Teppiche und Gardinen regelmäßig pflegen, Möbelstücke zur verbesserten Luftzirkulation etwas von der Wand abrücken und vorbeugend Insektenschutzgitter an den Fenstern anbringen. Beim abendlichen Lüften das Licht ausschalten.

Vorbeugend Textilien oder Pelze, die längere Zeit nicht benutzt werden, erst waschen und reinigen und/oder mit Neem-Produkten **3** schützen.

Sinnvollerweise sollten Sie die Quelle des Befalls, wie verlassene Vogelnester oder verendete Mäuse auf dem Dachboden, suchen und vernichten. Nach Möglichkeit ist das Nisten von Tauben auf dem Dachboden zu verhindern.

Weitere Tips finden Sie bei den Ausführungen zu der Kleidermotte Seite 61.

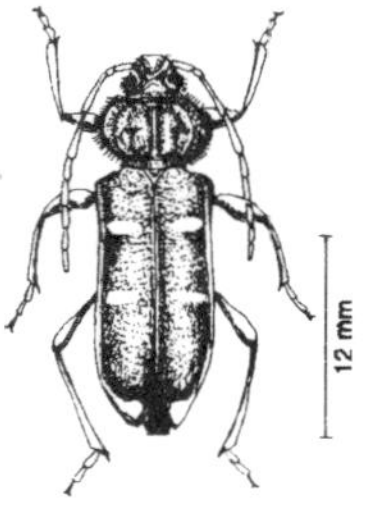

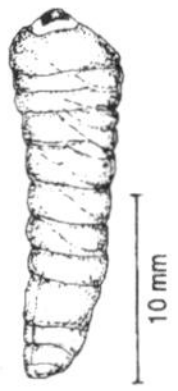

Hausbock

Hylotrupes bajulus

Bestimmung

Schwarzbrauner bis schwarzer, weißlich behaarter Käfer mit zwei hellen Flügelquerbinden. Die Weibchen werden 10 bis 25 Millimeter lang, die Männchen nur 8 Millimeter. Am Halsschild sind zwei glänzend schwarze Höcker gut zu erkennen. Die weißen Larven mit schwarzbraunem Kopf werden bis zu 22 Millimeter lang.

Vorkommen

Hausbocklarven kommen nur an trockenem und auch verbautem Nadelholz, hauptsächlich in Dachbalken, weniger in Telegrafenmasten, Türpfosten und Dielen, vor.

Die Larvenentwicklung kann bis zu 10 Jahre dauern. Die optimale Temperatur für seine Entwicklung beträgt 28 bis 30 °C.

Schäden

Die Larven fressen bis zu 12 Millimeter dicke, quer ovale Gänge in das Holz, die mit Nagemehl und walzenförmigem Kot gefüllt sind. Die Oberfläche des Holzes bleibt oft nur papierdünn stehen. Das Splintholz wird mit der Zeit zerschrotet, das Kernholz bleibt unberührt. Ältere Hölzer werden seltener befallen; Laubholz und Kernholz von Lärche und Kiefer sind für die Larven ungeeignet.

Bekämpfung
Eine Befallskontrolle wird durchgeführt, indem an der Oberseite von Balken der Dachkonstruktion die ovalen, 6 bis 10 mm langen Fluglöcher mit ausgefransten Rändern, gesucht werden. Durch diese verlassen die Käfer das Holz

In warmen Nächten sind mit dem Stethoskop die Nagegeräusche der Larven zu hören.

Bei Befall kann eine Sanierung mit Heißluft, die den Kern der Balken auf 55 °C erhitzt, erfolgen. Ein vorhandener Befall wird damit abgetötet, Neubefall jedoch nicht sicher verhindert, obwohl die anlockenden Geruchsstoffe ausgetrieben werden. Dieses Verfahren wird von Spezialfirmen sowohl für Dachstühle als auch für Möbel in der Klimakammer angeboten (s. Branchentelefonbuch: Gelbe Seiten, »Schädlingsbekämpfung« oder »Holzschutz«).

Eine anschließend vorbeugende Behandlung gegen Neubefall mit Borsalzen **29** ist jedoch ratsam. Bei einem Befall mit geringen Ausmaßen reicht die Verwendung von Borsalzen zur Bohrlochinjektion oder das Streichen eines ungiftigen Mittels auf der Basis von pflanzlichen und mineralischen Bestandteilen **28** aus.

6.7 Grünlicher Käfer bis 5 Millimeter Länge

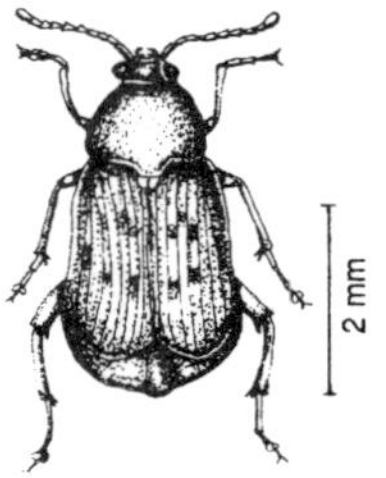

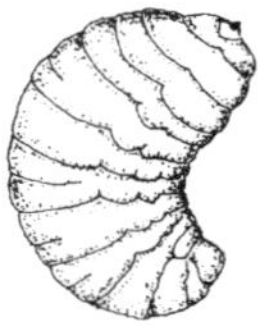

Speisebohnenkäfer

Acanthoscelides obtectus

Bestimmung

Dieser sehr kleine Pflanzen- und Vorratsschädling wird nur 2 bis 5 Millimeter lang, hat eine birnenförmige Gestalt und ist auf den Flügeldecken gelbgrün, und auf der Unterseite hellgrau behaart. Auf den Flügeldecken befinden sich hellere und dunklere behaarte, längliche Flecken.

Die Larven sind bis zu 4 Millimeter lang, weißlich, dick und gekrümmt.

Vorkommen

Speisebohnenkäfer fressen an Bohnen der Gattung Phaseolus. Die Eiablage erfolgt an trockenen Hülsen im Freien oder an trockenen Samen. Bei der Lagerung findet eine weitere Vermehrung statt. Die Larven fressen die Samenkörner von innen her aus, und die fertigen Käfer verlassen die Bohnen durch ein Fraßloch in der Samenhaut. Eine Verschleppung in den Haushalt erfolgt durch bereits befallene Bohnen aus dem Handel.

In Mitteleuropa kann der Käfer außerhalb von Gebäuden nicht überwintern; bei Temperaturen unter 12 °C kommt die Entwicklung zum Stillstand.

Schäden

Die befallenen Bohnen sind zwar für die menschliche

Ernährung, zu Futterzwecken und als Saatgut unbrauchbar, jedoch ist der wirtschaftliche Schaden im Haushalt als gering einzustufen, da eine weitere Verbreitung und Ansiedlung im Haus unterbleibt.

Bekämpfung

Sie sollten nach dem Entfernen der befallenen Vorräte die Vorratsschränke und -räume gründlich säubern. Ecken und Ritzen werden anschließend mit dem Fön erhitzt. Nicht sichtbar befallene Vorräte können Sie vorsichtshalber zur Abtötung von Eiern oder Larven im Backofen auf 60 °C erhitzen oder eine Woche lang einfrieren. Kontrollieren Sie weiterhin regelmäßig auf Restbefall. Zur Vermeidung von Neubefall fest verschließbare Dosen oder Schraubdeckelgläser verwenden.

In Entwicklung und Form dem Speisebohnenkäfer ähnlich ist der *Erbsenkäfer.* Dieser durchläuft seine Entwicklung in Erbsenschoten.

Erbsenkäfer

7 Motten

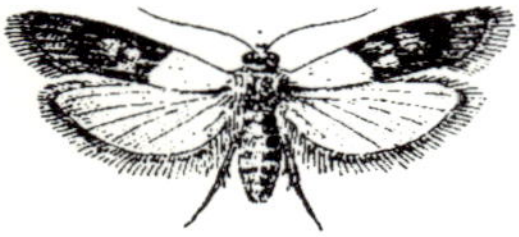

Dörrobstmotte

Plodia interpunctella

Bestimmung

Die Dörrobstmotte weist eine Flügellänge von 7 bis 9 Millimetern auf. Die Vorderflügel sind an der Spitze rotbraun bis rot mit blaugrauen Querbinden. Die Hinterflügel sind hellgrau.

Die Raupen werden bis 13 Millimeter lang, sind je nach Nährsubstrat weiß, hellrosa oder grünlich gefärbt, fettig glänzend und haben einen rötlichbraunen Kopf.

Vorkommen

An Getreide, getrockneten Früchten, in Nährmitteln, Samen, Schokolade, Nüssen, getrocknetem Pflanzenmaterial, besonders an Arznei- und Gewürzpflanzen, in Insektensammlungen. Auch nicht angebrochene, originalverpackte Lebensmittel können befallen werden!

Die Eiablage erfolgt direkt in das Nahrungsmittel oder außen an der Verpackung. Nur die Larven fressen an den Nahrungsmitteln und bohren sich durch die Verpackung ins Innere. Dabei überziehen sie die befallene Ware mit einem dichten Gespinst. Ausgewachsene Larven verlassen die Nahrungsmittel und suchen zur Verpuppung einen geeigneten Platz wie unzugängliche Ritzen, hinter Verkleidungen, Regalbrettern oder Lochleisten und spinnen das typische Puppengespinst.

Schäden

Fraß und Verunreinigung der genannten Nahrungsmittel. Die Raupen entwickeln durch ihren Stoffwechsel Feuchtigkeit, die zu gesundheitlich bedenklichen Schimmelnestern führen können. Ansonsten bestehen bei versehentlichem Verzehr keine Gefahren für die Gesundheit.

Bekämpfung

Befallene Vorräte werden entfernt. Vorratsschränke und -räume gründlich nach »Gespinsten« absuchen. Unzugängliche Ecken und Ritzen sollten mit dem Fön erhitzt werden. Durch übersehene Puppen, Larven und Eier ist ein ständiger Neubefall möglich! Die Verwendung von Schrankpapier sollte unterbleiben, da es als Schlupfwinkel dienen könnte.

Nicht sichtbar befallene Vorräte im Backofen auf 60 °C erhitzen oder eine Woche lang einfrieren; ansonsten regelmäßig kontrollieren.

Im Handel sind Leimfallen erhältlich, die mit Pheromonen **9** die geschlechtsreifen Männchen anlocken. Mit diesen Fallen werden sie zwar weggefangen, jedoch werden manche Männchen schon Weibchen begattet haben, bevor sie in die Falle fliegen. Leimfallen dienen hauptsächlich der Kontrolle und zur Befallsverminderung, selten zur Tilgung des Befalls. Es ist sinnvoll, die Fallen öfter zu wechseln als in der Bedienungsanleitung angegeben ist!

Bei Larvenbefall unter Einbauküchen und hinter Schränken, hilft eine hauchdünne Schicht von Diatomeenerde **1** oder Borax bzw. Borsäure **2**, die Raupen abzutöten.

Der Befall ist oft sehr hartnäckig. Deshalb zur Vermeidung von Neubefall fest verschließbare Dosen oder Schraubdeckelgläser verwenden.

In hartnäckigen Fällen werden Sie mit dem Ausbringen von Nützlingen, der winzigen Schlupfwespe *Trichgramma evanescens* **13** oder der Mehlmottenschlupfwespe *Habrobracon hebetor* **14,** Erfolg haben.

Mehlmotte

Ephestia kuehniella

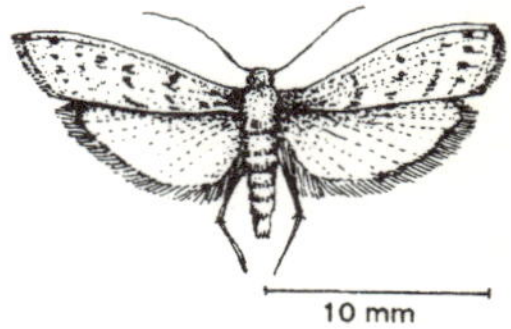

Bestimmung

Die Spannweite der Mehlmotte beträgt 2 bis 2,2 Zentimeter. Die Vorderflügel sind blau- oder rötlichgrau mit dunklen und hellen Zickzacklinien. Die Hinterflügel sind hellgrau. Die Raupen sind bis 2 Zentimeter lang, weiß, oft von rötlicher oder grünlicher Farbe und haben einen braunen Kopf.

Vorkommen

Mehlmottenraupen findet man an Getreide und Getreideprodukten, im Mehl, in Backwaren, Trockenobst, Nüssen, Sämereien, Schokolade und Mandeln. Die Vorräte werden mit Gespinsten durch- und überzogen.

Die Raupen findet man häufig erst, wenn sie die Nährsubstrate auf der Suche nach einer Ritze zum Verpuppen verlassen. Die Puppen sind bis zu 1 cm groß, aus ihnen schlüpfen nach 2 bis 3 Wochen die Falter.

Schäden

Befallene Nahrungssubstrate sind unbrauchbar und sollten weggeworfen werden.

Die Raupen entwickeln durch ihren Stoffwechsel Feuchtigkeit, die zu gesundheitlich bedenklichen Schimmelnestern führen kann. Ansonsten bestehen bei versehentlichem Verzehr keine Gefahren für die Gesundheit.

Bekämpfung

Nach dem Entfernen der befallenen Vorräte sollten Sie

Vorratsschränke und -räume gründlich nach »Puppennetzen« absuchen. Ecken und Ritzen werden zur Abtötung der Eier und kleineren Raupen mit dem Fön erhitzt. Durch übersehene Puppen in Lochleisten, Nagellöchern oder anderen Schlupfwinkeln ist ständiger Neubefall möglich!

Nicht sichtbar befallene Vorräte werden im Backofen auf 60 °C erhitzt oder eine Woche lang eingefroren; ansonsten wird regelmäßig kontrolliert. Der Befall ist oft sehr hartnäckig. Deshalb sollten zur Vermeidung von Neubefall fest verschließbare Dosen oder Schraubdeckelgläser verwendet werden.

Im Handel sind Leimfallen erhältlich, die mit Pheromonen **9** die geschlechtsreifen Männchen anlocken. Mit diesen Fallen werden sie zwar weggefangen, jedoch werden manche Männchen schon Weibchen begattet haben, bevor sie in die Falle fliegen. Leimfallen dienen der Befallserkennung und können eine Verminderung des Befalls bewirken. Es ist sinnvoll, die Fallen öfter zu wechseln, als in der Bedienungsanleitung angegeben ist.

Bei Larvenbefall unter Einbauküchen und hinter Schränken hilft eine hauchdünne Schicht von Diatomeenerde **1** oder Borax bzw. Borsäure **2**, die Raupen abzutöten.

In hartnäckigen Fällen werden Sie mit dem Ausbringen eines Nützlings, der winzigen Mehlmottenschlupfwespe *Habrobracon hebetor* **14**, Erfolg haben.

Kornmotte

Nemapogon granellus

Bestimmung

Die Kornmotte hat eine Flügelspannweite von 8 bis 15 Millimetern, schwarzbraune Vorderflügel mit weißen und gelben Flecken und dunklem Fransensaum. Die grauen Hinterflügel sind schmaler als die Vorderflügel und tragen einen breiten Fransensaum. Kopf und Brust sind weiß. Die weißlichgelben Raupen werden 9 bis 11 Millimeter lang und haben einen glänzend hellbraunen Kopf.

Vorkommen

Kornmotten entwickeln sich an Getreide, Hülsenfrüchten, Trockenobst, Nüssen, Kakao, aber auch in den Fruchtkörpern des Hausschwamms. Die gegen Frost unempfindlichen Raupen verspinnen die Vorratsgüter, im Gespinst bleibt Kot hängen.

Die Raupen findet man am besten, wenn sie die Nährsubstrate auf der Suche nach einer geschützten Stelle zum Verpuppen verlassen.

Schäden

Schäden an den genannten Nahrungsmitteln durch Gespinstbildung und Verschmutzung mit Kot. Die Raupen entwickeln durch ihren Stoffwechsel Feuchtigkeit, die zu gesundheitlich bedenklichen Schimmelnestern führen kann. Ansonsten bestehen bei versehentlichem Verzehr keine Gefahren für die Gesundheit.

Bekämpfung

Nach dem Entfernen der befallenen Vorräte werden Vorratsschränke und -räume gründlich nach »Puppennetzen« abgesucht. Ecken und Ritzen zur Abtötung der Eier und kleineren Raupen mit dem Fön erhitzen. Durch übersehene Puppen in Lochleisten oder anderen Schlupfwinkeln ist ständiger Neubefall möglich!

Nicht sichtbar befallene Vorräte werden im Backofen auf 60 °C erhitzt oder eine Woche lang eingefroren; ansonsten wird regelmäßig kontrolliert. Der Befall ist oft sehr hartnäckig. Deshalb sollten zur Vermeidung von Neubefall fest verschließbare Dosen oder Schraubdeckelgläser verwendet werden.

Im Handel sind Leimfallen erhältlich, die mit Pheromonen **9** die geschlechtsreifen Männchen anlocken. Mit ihnen werden sie zwar sehr wirksam weggefangen, jedoch werden manche Männchen schon Weibchen begattet haben, bevor sie in die Falle fliegen. Leimfallen stellen daher keine hundertprozentige Bekämpfung sicher. Es ist sinnvoll, die Fallen öfter zu wechseln, als in der Bedienungsanleitung angegeben ist.

Bei Larvenbefall unter Einbauküchen und hinter Schränken hilft eine hauchdünne Schicht von Diatomeenerde **1** oder Borax bzw. Borsäure **2**, die Raupen abzutöten.

In hartnäckigen Fällen werden Sie mit dem Ausbringen von Nützlingen, der winzigen Schlupfwespe *Trichgramma evanescens* **14**, Erfolg haben.

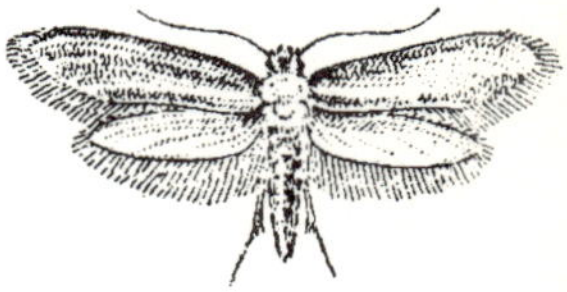

Kleidermotte

Tineola bisselliella

Bestimmung

Die Motte mit einer Flügelspannweite von 12 bis 16 Millimetern hat hellockergelbe Vorderflügel ohne Flecke und helle graugelbe Hinterflügel mit Fransen. Die weißlichen Larven haben einen dunkelbraun glänzenden Kopf und werden ca. 1 Zentimeter lang. Sie bauen an der Fraßstelle eine an beiden Seiten offene Gespinströhre, in die Teilchen eingesponnen werden können.

Vorkommen

Kleidermottenraupen ernähren sich von Wollstoffen, Pelzen, Wollteppichen oder Federn. Baumwolle, Kunststoffe und Leinen werden mitunter zwar angefressen, aber nicht verdaut. Die Eier werden einzeln lose abgelegt. Nur die Larven fressen an den genannten Substanzen. Sie können lange hungern, bis wieder geeignete Nahrung vorhanden ist. Der Kleidermotte sehr ähnlich ist die Pelzmotte *(Tinea pellionella)*.

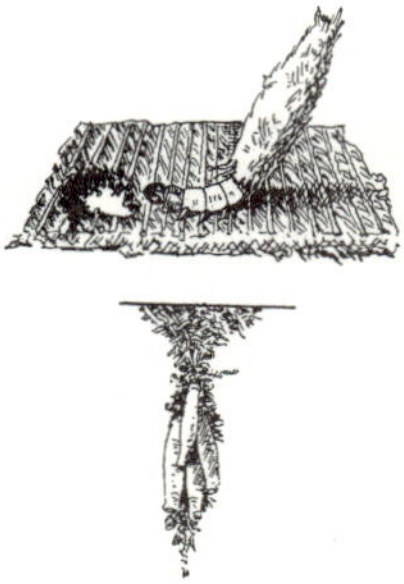

Kleidermottenraupe, halb aus ihrer Hülle gezogen, beim Fraß. Eine Gruppe Puppen.

Schäden

Fraßschäden an Textilien aller Art, besonders jedoch an tierischen Fasern.

Bekämpfung

Zur Abtötung und Entfernung der Eier sollten Sie die Textilien ausklopfen, lüften und in die Sonne legen.

Vorbeugend Textilien in Plastik, Papier oder Leinen »einmotten« oder regelmäßig benutzen. Vorbeugend

Lavendelbeutelchen zwischen die Wäsche legen. Auch die im Handel angebotenen Zedernholzblöckchen oder mit Patschuli-, Lavendelöl oder anderen ätherischen Ölen betupfte Läppchen halten die Motten ab.

Gebrauchsfertige Präparate mit ätherischen Ölen sind ebenfalls im Handel erhältlich **23.** Bei Befall Textilien waschen oder reinigen lassen; Schränke sorgfältig absuchen und auswaschen.

Statt waschen können Sie die Textilien auch für 1 bis 2 Tage einfrieren, denn Temperaturen unter –5 °C töten die Larven ab. Wenn möglich, anschließend im Backofen erwärmen oder im Trockner wärmebehandeln. Die Wirkung auf abgelegte Eier ist allerdings nicht sicher, daher dürfen die Kontrollen nicht ausbleiben.

Im Handel erhältliche Pheromonfallen **10** fangen oftmals die Männchen erst nachdem sie die Weibchen bereits begattet haben, und locken unter Umständen zusätzliche Exemplare von draußen an. Als Ergänzung sind sie nur in Kombination mit Insektenschutzgittern sinnvoll. In hartnäckigen Fällen werden Sie mit dem Ausbringen von Nützlingen, der winzigen Schlupfwespe *Trichgramma evanescens* **13,** Erfolg haben.

8 Milben und kleine Insekten bis 2,5 Millimeter Länge

Mehlmilbe

Acarus siro

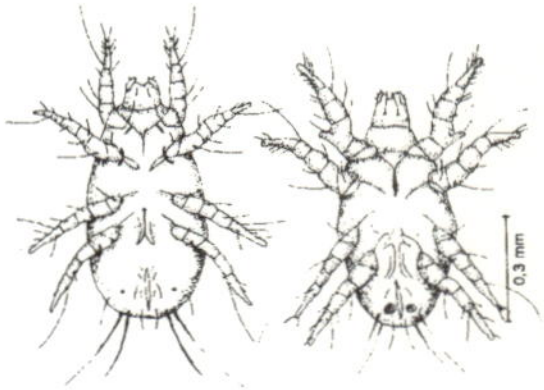

Bestimmung

Die 0,4 bis 0,6 Millimeter kleine rundliche Mehlmilbe ist milchig-weiß und bewegt sich relativ langsam. Die Abgrenzung zu anderen Milbenarten wie der Pflaumenmilbe oder der Hausmilbe kann nur ein Experte anhand von mikroskopisch kleinen Merkmalen vornehmen.

Ein Milbenbefall kann folgendermaßen erkannt werden:

Mehl auf einem Teller glattstreichen. Mehlmilben arbeiten sich wie Maulwürfe nach oben, und nach spätestens einer halben Stunde sind kleine Unebenheiten entstanden, die auf einen Befall hindeuten.

Vorkommen

Mehlmilben sind reine Vorratsschädlinge an verschiedenen Getreidesorten und Getreideprodukten, aber auch an stärkehaltigen Vorräten sowie an Heu und sogar Käse. Luftfeuchtigkeiten unter 75% und über 85% werden in der Regel gemieden. Aber auch der Feuchtigkeitsgehalt beispielsweise von Getreidekörnern ist für eine Massenentwicklung von ausschlaggebender Bedeutung.

Schäden

Befallene Nahrungsmittel werden nicht nur unbrauchbar. Der Verzehr kann sogar gesundheitsschädlich sein. Milben können bei empfindlichen Menschen Allergien auslösen. Man erkennt den Milbenbefall an hellem Belag, krümeliger Konsistenz und süßlichem Geruch.

Bekämpfung

Vorbeugend sollten die Vorräte möglichst trocken, kühl und gut belüftet aufbewahrt werden. Vorräte wie Mehl im Zweifelsfall lieber einfrieren, anstatt im Keller zu lagern.

Befallene Vorräte entfernen, Räume säubern und eventuell Borax **2** im Fußleistenbereich ausbringen oder ein Neem-Extrakt **4** auf Wände und in Regale oder Schränke sprühen. Solange die Ursachen, zu hohe Luftfeuchtigkeit oder zu hoher Wassergehalt im Vorratsgut, nicht beseitigt werden, bleibt eine Bekämpfung jedoch ohne nachhaltigen Erfolg.

Eine weitere Vorratsmilbe ist die *Gemeine Käsemilbe*, die vorwiegend alten Käse besiedelt. Sie erscheint dem unbewaffneten Auge nur als weißliches, kaum erkennbares Pünktchen. Heute ist sie seltener geworden (die meisten Käse sind heute pasteurisiert).

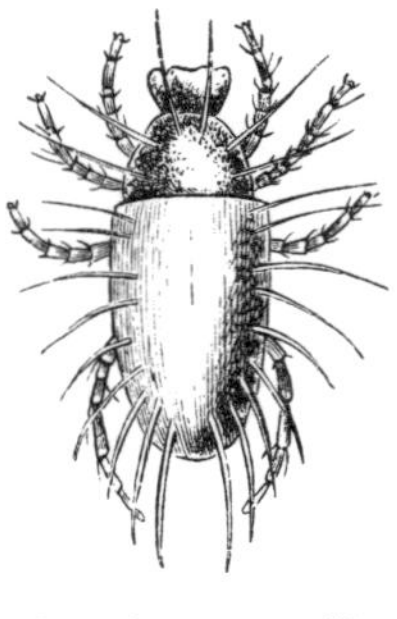

Gemeine Käsemilbe

Hausstaubmilben

Dermatophagoides spec.

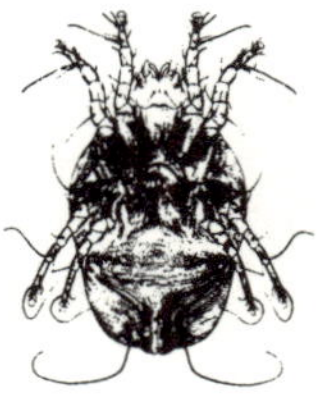

Bestimmung

Hausstaubmilben sind 0,2 bis 0,4 mm kleine, rundliche und weißlich gefärbte Milben mit 8 Beinen. Zwei Arten von Hausstaubmilben kommen im Haus- und Bettenstaub hauptsächlich vor. Am stärksten ist *Dermatophagoides pteronyssinus* vertreten, gefolgt von *Dermatophagoides farinae.* Weiterhin treten Hausmilben *(Glycyphagus domesticus)* in Häusern auf.

Vorkommen

Hausstaubmilben sind bis in 1300 m Höhe überall anzutreffen. Sie leben von Hautschuppen des Menschen und seiner Haustiere, nachdem Schimmelpilze sie vorverdaut haben. Ein Mensch verliert durchschnittlich am Tag etwa 1,5 g Hautschuppen – genügend Nahrung für 1,5 Millionen Milben. Hautschuppen sammeln sich dort, wo Kleider abgelegt werden, wo gekämmt wird und Handtücher benutzt werden und in der Bettwäsche.

Hausstaubmilben vermehren sich besonders stark bei Temperaturen zwischen 20 und 30 °C und einer Luftfeuchtigkeit von 70 bis 80%, besonders in den Monaten von Mai bis Oktober. Bei niedrigerer oder höherer Luftfeuchtigkeit sterben sie ab.

Schäden

Die Milbe selbst beißt nicht und überträgt keine Krankheiten. Vielmehr ist sie als Verursacher von Allergien auf dem Vormarsch. Immer mehr Menschen reagieren allergisch auf Milbenkot und tote Milben in ihrer Wohnung. Symptome sind tränende Augen, Niesanfälle, ganzjähriger Schnupfen, Husten, Atemnot, Bronchialasthma und Hautrötungen.

Bekämpfung

Zur Ursachenbekämpfung muß die Luftfeuchtigkeit im Wohnumfeld gesenkt werden, um den Milben ihre Lebensgrundlage zu entziehen. Außerdem sollten Sie alle Materialien, die den Milben Unterschlupf bieten, vermeiden. Dazu zählen Teppichböden, Polstergarnituren und Vorhänge. Glatte Fußbodenbeläge verwenden und täglich feucht wischen und anschließend lüften; Couchgarnituren aus Leder sind für Hausstauballergiker die beste Lösung. Generell sollten Staubfänger, wie zum Beispiel Topfpflanzen oder Strukturtapeten, vermieden werden.

Beim Kochen, Duschen oder Baden und Waschen entstehender Wasserdampf ist sofort abzuführen. Wichtig ist, daß Sie die Betten sorgfältig lüften und erst, wenn sie wirklich nicht mehr feucht sind, mit Tagesdecken abdecken. Schütteln Sie Hautschuppen an Schlafanzügen und Bettzeug regelmäßig zum Fenster hinaus aus. Milbendichte Bettwäsche und neembehandelte Matratzen verwenden. Fragen Sie bei Ihrer Krankenkasse nach Produkten und Kostenbeteiligung. Der Einbau eines Zentralstaubsaugers, der die angesaugte Luft durch ein Schlauchsystem nach außen abführt, kann die Reinigung der Wohnung erheblich erleichtern. Kuscheltiere können im Wäschetrockner zuverlässig von Milben befreit werden. Sie sollten erst alle Möglichkeiten zur Milbenbeseitigung nutzen, bevor Sie zu milbentötenden Mitteln (Akariziden) greifen.

Staubläuse

Ordnung Psocoptera

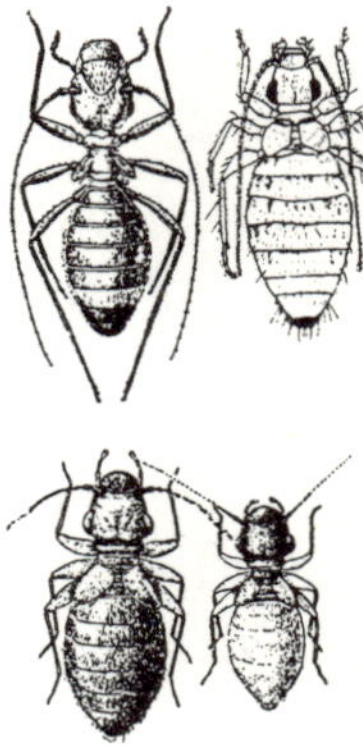

Bestimmung

Als Holz-, Staub- und Bücherläuse werden kleine, zarte Insekten bis 2 Millimeter, wenige Arten auch bis 2,5 Millimeter Körperlänge aus verschiedenen Gattungen und Arten bezeichnet.

Sie haben eine sackförmige bzw. ovale Körperform und lange Beine und Fühler. Es gibt geflügelte und ungeflügelte Formen. Die Bücherlaus gehört zu den Staubläusen, der Bücherskorpion jedoch nicht.

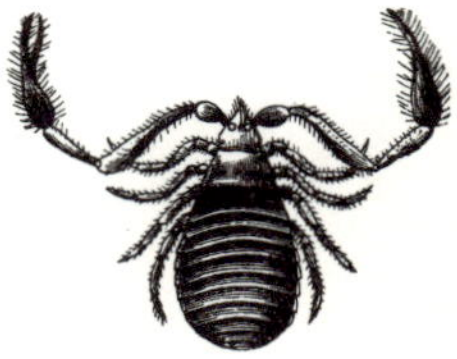

Bücherskorpion

Vorkommen

Staubläuse befinden sich an verschiedenen Vorräten wie Mehl, Gries, Haferflocken, aber auch an Tapeten, in Teppichen, in alten Büchern, zwischen altem Papier, in Polstermaterial und botanischen oder zoologischen Sammlungen. In feuchten Wohnungen und besonders in Neubauten treten sie nicht selten als Massenbefall auf. Sie benötigen hohe Luftfeuchtigkeiten von über 70%, und sie ernähren sich in erster Linie von Schimmelpilzen.

Schäden

Wertvolle Bücher oder Fotos können geschädigt werden. Vorräte und Materialien werden verschmutzt. Ein Massenbefall kann ekelerregend sein, und manche Menschen leiden psychisch darunter. Neuere Untersuchungen haben gezeigt, daß Staubläuse ebenfalls an der Ausbildung von Atemwegsallergien beteiligt sind, wenn auch im geringeren Maße als die Hausstaubmilben. Die

Staublaus

gleichzeitig bei hoher Luftfeuchtigkeit auftretenden Schimmelpilze sind ebenfalls gesundheitlich bedenklich.

Bekämpfung

Die Luftfeuchtigkeit muß durch richtiges Lüften und Heizen gesenkt werden.

Neubauten vor dem Bezug erst austrocknen lassen. Notfalls müssen Entfeuchtungsgeräte eingesetzt werden.

Feuchte Räume heizen und mehrmals täglich Stoßlüften, das heißt 10 Minuten Durchzug bei weit offenen Fenstern; Möbel von den Wänden abrücken.

Fenster im Winter nicht »auf Kipp« stehenlassen; sonst erfolgt eine Auskühlung ohne ausreichenden Luftaustausch, aus der eine Kondensation der Luftfeuchtigkeit und Schimmelbildung folgt.

Türen zu ungeheizten Räumen schließen, sonst kondensiert die vorhandene Luftfeuchtigkeit der wärmeren Räume an den kalten Wänden.

Lagern Sie keine Bücher oder für Sie wertvolle Papiere oder Fotoalben im Keller.

9 Stechende, saugende und parasitär lebende Insekten und Milben

Flöhe

Siphonaptera

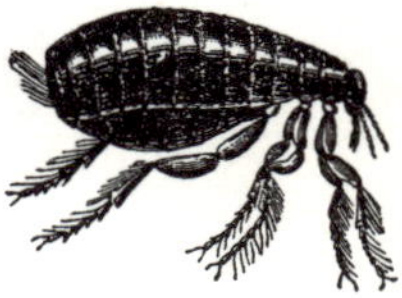

Bestimmung

Flöhe sind seitlich abgeplattete, sprungfähige Insekten mit sehr hartem Panzer, der nur schwer zerknackt werden kann. Sie laufen recht schnell durch Fell oder Kleidung. Die Körpergröße schwankt in Abhängigkeit von Art und Geschlecht von 1,5 bis 4 Millimeter. Die bis 6 mm langen Larven sind wurmartig und mit Borsten besetzt. Zur Artbestimmung schicken Sie gefangene Flöhe an ein Hygiene-Institut oder eine ähnliche Einrichtung. (Siehe Anhang, S. 158, Bestimmung von Hausungeziefer.)

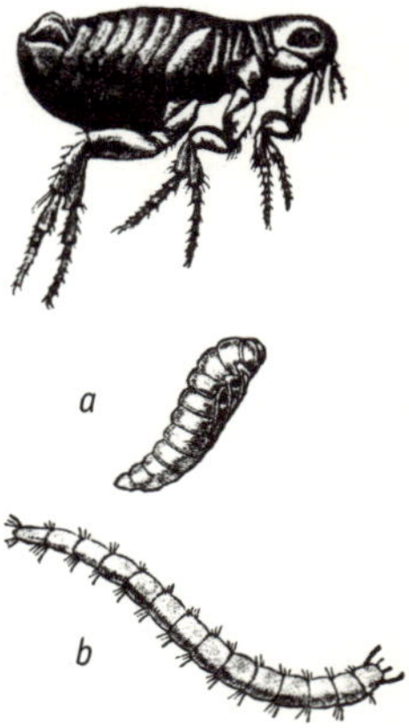

Menschenfloh
a Larve, b Puppe

Vorkommen

Flohlarven ernähren sich von organischen Materialien, unverdautem Blut und vom Kot der erwachsenen Flöhe. Sie halten sich in Ritzen und dunklen Verstecken in der Nähe der Rast- und Ruheplätze auf. Auch ein großer Teil der ausgewachsenen Flöhe hält sich nicht am Wirtstier, sondern in der Umgebung verborgen auf. Bei Flohbefall in der Wohnung handelt es sich überwiegend um **Katzenflöhe** (Ctenophalides felis). Bei zeitweiliger Abwesenheit von Katzen stechen hungrige Flöhe auch Hunde und Menschen, können sich dort aber nicht dauerhaft halten. Es kommen weiterhin **Hundeflöhe** (Ctenophalides canis), selten **Menschenflöhe** (Pulex irritans) in Wohnungen und **Taubenflöhe** (Ceratophyllus columbae) auf Dachböden vor. Stöbernde Hunde bringen manchmal **Igelflöhe** (Archaeopspsylla erinacei) mit, die jedoch bald wieder den »Fehlwirt« verlassen und den Menschen nur selten belästigen. Weiterhin können **Vogelflöhe,** besonders der **Hühnerfloh** (Ceratophyllus gallinae) aus Nestern im Garten oder in Hühnerställen, Menschen belästigen und in die Wohnung verschleppt werden.

Menschenflöhe können als einzige Art dauerhaft am Menschen überleben. Heute sind sie selten, aber nicht ausgestorben. Massenvermehrungen treten gelegentlich in Schaf- und Schweineställen auf.

Schäden

Flöhe saugen Blut und stechen mehrmals in einer Reihe. Flöhe gelten als Überträger verschiedener Bakterien, Viren und Bandwürmer. Eine Flohbehandlung bei Tieren sollte immer mit einer Bandwurmbehandlung kombiniert werden. Menschenflöhe gelten neben Ratten- und Pestflöhen als die Hauptüberträger der in früheren Jahrhunderten epidemieartig aufgetretenen Beulenpest.

Bekämpfung

Bei Flohbefall an Haustieren waschen Sie das Fell mit Neem-Shampoo **4,** oder reiben Sie ein Neem-Pulver **5** ins Fell hinein.

Im Nacken-, Schulter- und Bauchbereich massieren Sie alternativ oder zusätzlich zur Fellwäsche ein Neem-Öl oder Neem-Extrakt **6** ein.

Staubsaugen Sie häufig und mehrmals nacheinander (Vibration ist Schlupfreiz für Flohpuppen) die Wohnung. Am wichtigsten ist das Absaugen der Schlaf- und Liegeflächen der Haustiere. Den Staubsaugerbeutel anschließend entweder im Backofen oder im Mikrowellenherd auf 60 °C erhitzen oder Speisestärke oder Diatomeenerde 1 zur Abtötung der Larven, Puppen und Flöhe nachsaugen.

Decken oder Matten für Tiere sollten regelmäßig bei 60 °C gewaschen werden.

Zur Entfernung der Flohlarven sollten Sie lose Teppiche ausklopfen und in die Sonne hängen oder Teppichböden mit Dampfreiniger oder Dampfbügeleisen und einem feuchten Tuch dämpfen. Anschließend jedoch auf gute Trocknung achten.

Scheuen Sie sich nicht, eine Dampfreinigungsfirma für diese zeitaufwendige Aufgabe zu bestellen.

Zur Unterdrückung der Larvenentwicklung sprühen Sie einen Wachstumsregulator auf Basis eines Insektenhormons **26**. Flohhalsbänder mit Wachstumshemmer **26** sind ebenfalls erhältlich und ergänzend zu verwenden.

Sichtbare Ergebnisse erzielen Sie mit einer Schüssel voll Spülmittellauge und einer brennenden (Schwimm-)Kerze in der Mitte. Die Wärme lockt Flöhe an, und sie ertrinken im Seifenwasser. Dies ist eine günstige Alternative zu teuren Floh-Lichtfallen. Bei Igel- und Vogelflöhen braucht die Wohnung nicht behandelt zu werden. Bei immer wiederkehrenden Plagen werden im Garten die Nester der Vögel und Ruheplätze der Igel oder bei Dämmerung auch der Igel selbst mit Neem-Pulver **5** oder Neem-Sprühmittel **4** behandelt.

Gemeine Bettwanze

Cimex lectularius

Bestimmung

Die gemeine Bettwanze ist 4 bis 6 Millimeter lang, rostbraun und abgeplattet. Die Larven sehen den erwachsenen Tieren ähnlich, sind aber kleiner. Eine Verwechslung mit Taubenzecken und Schwalbenwanzen sollte ausgeschlossen werden.

Vorkommen

Bettwanzen leben versteckt unter losen Tapeten, Bildern, Fußbodenleisten und Ritzen. Durch ritzenlose Neubauten und Staubsaugen sind Wanzen sehr selten geworden. **Tropische Bettwanzen** *(Cimex hemipterus)* können von einer Urlaubsreise mitgebracht werden.

Taubenwanzen *(Cimex columbarius)* können gelegentlich von verlassenen Taubennestern auf Dachböden in die darunterliegenden Wohnungen eindringen und an Menschen Blut saugen.

Ebenso dringen mitunter **Schwalbenwanzen** *(Oeciacus hirundinis)* von verlassenen Schwalbennestern von außen in die Wohnungen ein, wo sie auch Menschen stechen.

Schäden

Nachts werden die Wanzen aktiv und suchen zur Blutmahlzeit schlafende Menschen auf. Die Larven saugen ebenfalls Blut, vor jeder Häutung mindestens einmal. Bei empfindlichen Menschen schwellen die Einstichstellen an und jucken. Wanzen sind gelegentlich aktive Überträger des Rückfallfiebers.

Bekämpfung

Bei Übernachtungen in verseuchten Zimmern, Betten von der Wand abrücken und nachts das Licht brennen lassen. Verwenden Sie abschreckende ätherische Öle zum Einreiben.

In der Wohnung sollten Sie die Ritzen in Fußböden, Wänden und Decken verschließen oder häufig absaugen. Mögliche verbleibende Schlupfwinkel mit Diatomeenerde **1**, Borax **2** oder Neem-Pulver **5** einpudern oder Neem-Extrakt **4** sprühen.

In Zweifelsfällen ziehen Sie einen qualifizierten Schädlingsbekämpfer hinzu.

Gegen das Eindringen von Schwalbenwanzen bringen Sie Insektenschutzgitter an. Verhindern Sie die Ansiedlung von Tauben und anderen Vögeln auf dem Dachboden, indem Sie die Einflugöffnungen verschließen.

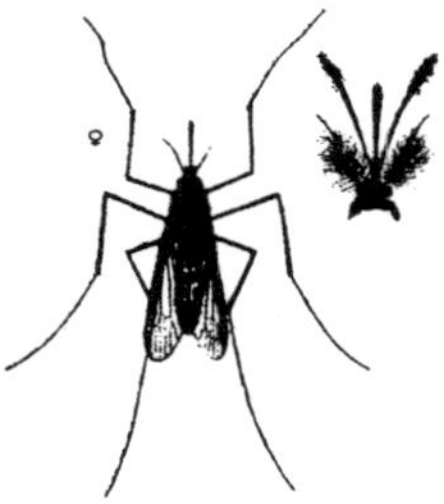

Hausmücke (Gemeine Stechmücke)

Culex pipiens

Bestimmung

Mücken sind uns sattsam bekannt und schon am »Sirren« zu erkennen.

Vier weitere Gattungen, *Aedes, Culiseta, Anopheles, Mansonia,* mit insgesamt 44 Stechmückenarten kommen in Deutschland vor.

Die Stiche stehen einzeln oder in Gruppen auf der Haut, jedoch nicht in einer Linie aufgereiht.

Vorkommen

Mücken der Art *Culex pipiens* kommen in der Nähe menschlicher Behausungen vor. Es gibt verschiedene Rassen, nicht alle saugen am Menschen Blut. Nur die Weibchen saugen vorwiegend in der Dämmerung und nachts Blut.

Eier werden als »Schiffchen«, Eipakete, auf Oberflächen stehender Gewässer, von Pfützen bis Regentonnen, abgelegt. Je nach Temperatur dauert die gesamte Entwicklung 1,5 bis 4 Wochen.

Schäden

Anders als in tropischen Regionen ist die Gefahr der Übertragung gefährlicher Krankheiten nicht gegeben. Allerdings sind unangenehme allergische Reaktionen auf Stiche möglich.

Bekämpfung

Regentonnen und andere Wasserreservoirs, auch kleine, sollten Sie regelmäßig, mindestens alle zwei Wochen, ausleeren. Bringen Sie Insektenschutzgitter an Fenstern oder Moskitonetze über den Betten an.

Ätherische Öle schützen einige wenige Stunden vor Stichen. Halten Sie den Körper möglichst bedeckt.

Falls notwendig, ist eine biologische Bekämpfung mit *Bacillus thuringiensis* im Gartenteich möglich **15.**

Mücken reagieren unter anderem auf Wärme und Kohlendioxid. UV-Lampen bringen Untersuchungen zufolge keinen großen Nutzen. Sie sind aufgrund europäischer Artenschutzbestimmungen im Freien verboten, da sie viele andere Insekten, insbesondere Nachtfalter, töten und dürfen daher – wenn überhaupt – nur in geschlossenen Räumen verwendet werden.

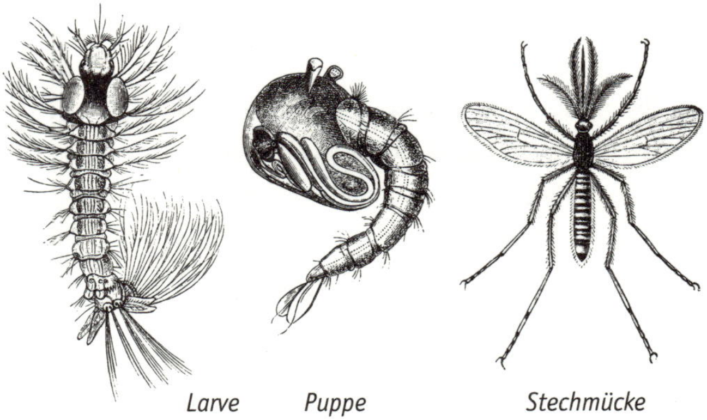

Larve *Puppe* *Stechmücke*

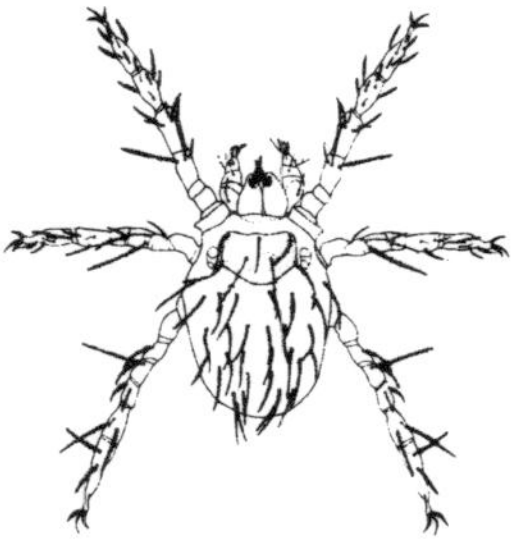

Herbstmilbe

Herbstmilbe

Neotrombicula autumnalis

Bestimmung

Die Larven der Herbstmilben (Erntemilben) leben parasitisch an Wirbeltieren, gelegentlich auch am Menschen. Sie sind etwa 0,2 bis 0,3 Millimeter lang und orange-rot bis blaßgelb gefärbt. Die entsprechende Hauterkrankung wird in manchen Gegenden »Beiß« oder »Beiße« genannt. Weitere stechende Milben sind die **Rote Vogelmilbe** *(Dermanyssus gallinae)*, die aus verlassenen Tauben- und Spatzennestern oder aus Hühnerställen in Wohnungen eindringen können, und **Pelzmilben** *(Cheyletiella ssp.)*, die parasitisch an Haustieren leben.

Vorkommen

Das Auftreten der Milben ist regional stark verschieden (Trombidiose-Herde). Die **Larven** verharren an unteren Pflanzenteilen teilweise in ganzen Klumpen und warten auf einen passenden Wirt. Auch Menschen werden zunächst befallen. Nach Berührung werden die Larven aktiv und laufen auf den Wirt über. An geeigneten Körperstellen durchbohren sie die Haut und beginnen mit der Nahrungsaufnahme. Nach ausreichender Versorgung oder bei Fehlwirten, wie dem Menschen, lösen sich die Larven wieder ab und entwickeln sich im Boden weiter. In Wohnungen sterben sie ab, da sie keine geeigneten Entwicklungsbedingungen vorfinden. Sie können oft im Hausstaub nachgewiesen werden.

Schäden

Es entstehen juckende Hautareale, besonders an weichen Stellen wie der Leistengegend oder der Armbeuge. In Europa werden Krankheiten von Herbstmilben nicht übertragen.

Bekämpfung

An warmen Nachmittagsstunden sollten Sie von 14.00 bis 18.00 Uhr Kontakt mit Gras und anderen Pflanzen meiden, sich vor allem nicht ins Gras setzen oder legen.

Halten Sie den Körper möglichst bedeckt. Ziehen Sie die Kleidung aus, bevor Sie ins Haus gehen. Waschen Sie die Kleidung aus, oder lassen Sie sie wenige Tage in einem Beutel verpackt liegen. Bei der Gartenarbeit Handschuhe tragen und kühle Tageszeiten ausnutzen. Der Einsatz von milbentötenden Mitteln (Akariziden) oder anderen Präparaten tötet auch andere nützliche Tiere ab und sollte nur in Ausnahmefällen vorgenommen werden.

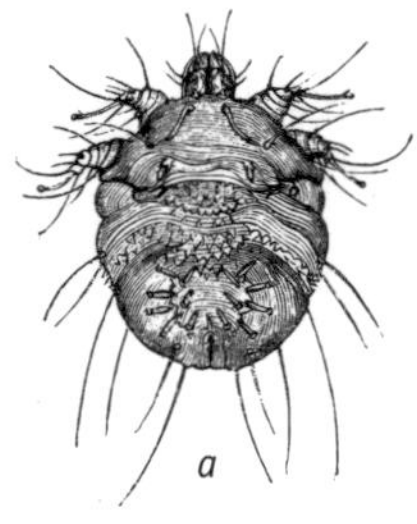

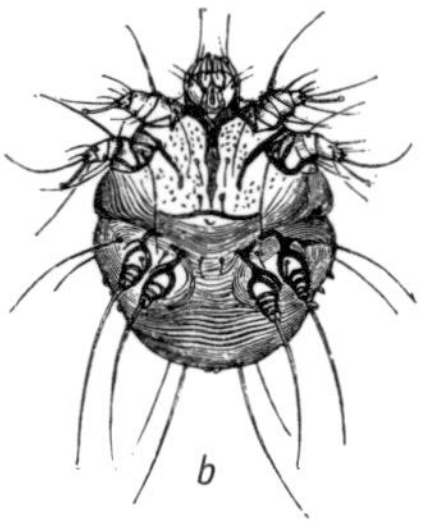

Weibchen
a von oben (Rückenseite)
b von unten (Bauchseite)

Krätzmilbe

Acarus hominis

Bestimmung

Die stark juckende, meldepflichtige Hautkrankheit Krätze (Scabies), wird durch Milben hervorgerufen. Je nach Geschlecht sind sie 2 Millimeter bzw. 0,3 bis 0,4 Millimeter klein.

Vorkommen

Die Krätzmilben ernähren sich vom Keratin der Haut. Die weiblichen Milben bohren zur Eiablage etwa 1 Zentimeter lange Gänge in die obere Hautschicht, vorzugsweise an weichen Stellen wie Gelenkbeugen. Am Ende der Gänge sind Milben als dunkle Pünktchen auf einem sogenannten Milbenhügel sichtbar. Die Milben werden meist durch intensiven Körperkontakt übertragen.

Außerhalb des menschlichen Körpers sterben die Milben innerhalb von zwei bis vier Tagen ab.

Schäden

Eine typische Erscheinung ist der starke, vor allem in der Bettwärme auftretende Juckreiz. Bei Verdacht auf Krätzmilben suchen Sie einen Arzt auf. Durch Kratzen kann es zu Komplikationen durch Sekundärinfektionen kommen, wie nässende Ekzeme und Dermatitis. Weiter können allergisch bedingte Knötchen auftreten, die monatelang nach der Abtötung der Milben bestehen bleiben.

Bekämpfung

Gute Behandlungserfolge zeitigt die Anwendung von

neemhaltigen Cremes 7, die mit Einwilligung des Patienten von Ärzten eingesetzt werden können. Eine Zulassung als Medikament steht allerdings derzeit noch aus. Informationen erhalten Sie bei der Herstellerfirma. Auskochen der Bett- und Unterwäsche, Lüften der Decken, Mäntel und anderen Kleidungsstücke und Kontaktgegenstände oder Verpacken in Tüten für vier Tage tötet Milben außerhalb des Körpers ab. Polstermöbel sollten einige Tage nicht benutzt und mehrmals gründlich gesaugt werden. Eine Raumentwesung ist nicht notwendig.

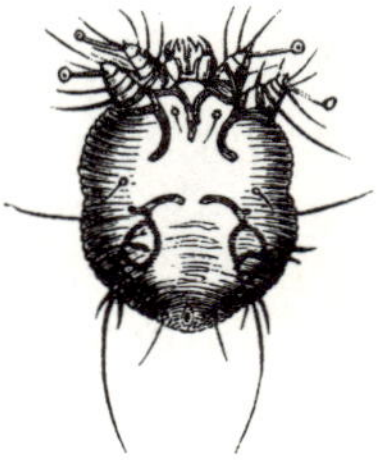

Männchen von der Rückenseite

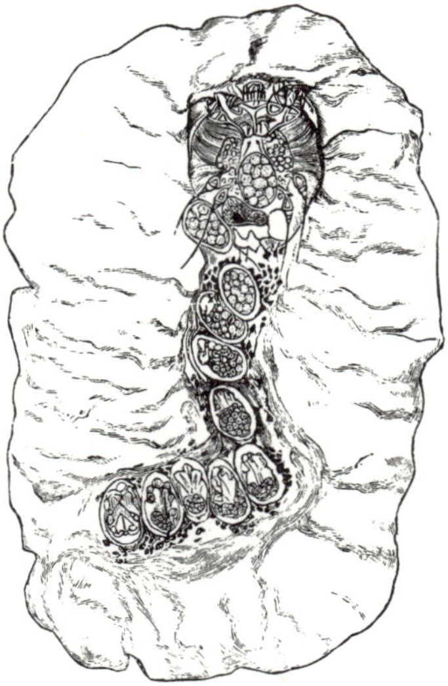

Ein vom Weibchen in der menschlichen Haut hergestellter Gang. Oben das Weibchen, hinter ihm Eier in verschiedenen Entwicklungsstadien und schwarze Kotkrümel. Stark vergrößert.

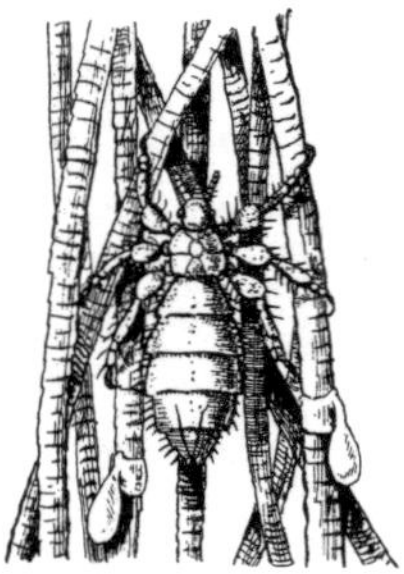

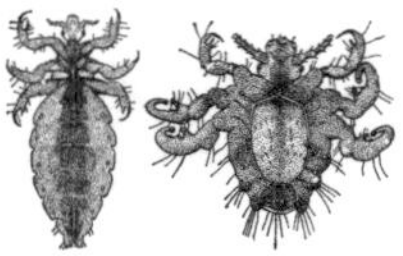

Kleiderlaus Filzlaus

Kopflaus

Pediculus capitis

Bestimmung

Weibliche Kopfläuse sind etwa 2,5 bis 3,5 Millimeter groß; männliche etwas kleiner.

Die hellen Kopfläuse haken sich mit ihren sechs Beinen an den Haaren fest, und die Eier werden fest daran angekittet.

Weitere am Menschen vorkommende Lausarten sind **Kleiderläuse** *(Pediculus humanus)* und **Filzläuse** *(Pthirus pubis).*

Vorkommen

Läuse ernähren sich vom Blut ihrer Wirte und hinterlassen juckende Einstichstellen und entzündliche Verletzungen im Nacken oder hinter dem Ohr. Die Eier, auch Nissen genannt, werden an Haaren oder Fasern sehr fest angeklebt.

Die Übertragung erfolgt durch Kleidung wie Mützen oder Schals, gemeinsame Benutzung von Bürsten und Kämmen, Kopfstützen und durch Körperkontakt. Filzläuse – meist in der Schambehaarung, aber auch an Wimpern – werden fast nur direkt von Mensch zu Mensch, in der Regel durch sexuelle Kontakte übertragen. Schätzungen zufolge werden jährlich 1,3 bis 1,8 Mill. Menschen allein in Deutschland davon heimgesucht. Hochsaison ist der Herbst.

Schäden

Läuse sind potentielle Überträger folgender Krankheiten: Europäisches Rückfallfieber, klassisches Fleckfieber und

Wolhynisches Fieber. Aufgrund von Sekundärinfektionen durch Bakterien und Pilze können nässende Ekzeme entstehen. Läuse in Gemeinschaftseinrichtungen wie Schulen und Kindergärten sind beim zuständigen Gesundheitsamt meldepflichtig. Eine Bekämpfung wird angeordnet, die Art der Maßnahmen ist freigestellt.

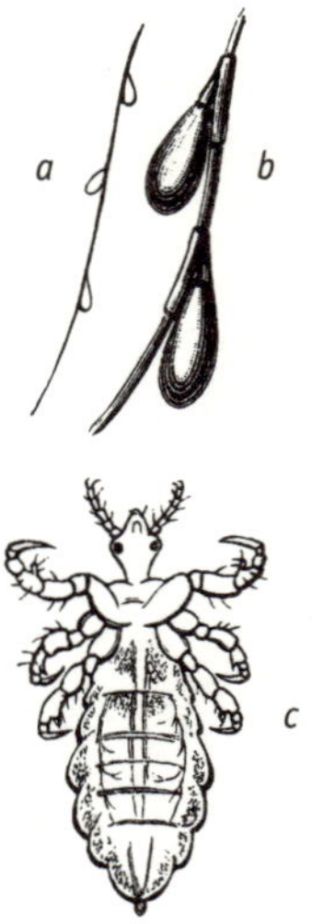

Kopflaus des Menschen
a Eier (schwach vergrößert
b Eier (stark vergrößert)
c Erwachsene, männliche Kopflaus

Bekämpfung

Ein öliger Neem-Extrakt **6** führte in Versuchen an einer Kinderklinik zu guten Ergebnissen ohne erkennbare negative Nebenwirkungen. Weitere Informationen finden Sie in einem Fachartikel in »Umweltmedizinische Praxis« (siehe empfehlenswerte Literatur).

Sie können befallene behaarte Körperteile mit Schwefelpuder aus der Apotheke bürsten oder mit einer Mischung aus 10%igem Schwefel in wasserhaltigem Eucerin behandeln. Nach einer Stunde waschen sie dies aus und wiederholen mindestens fünfmal innerhalb von acht Tagen diese Behandlung. Alternativ nehmen Sie Haushaltsessig, mischen diesen mit Wasser im Verhältnis 1 zu 1, durchtränken die Haare und lassen dies eine Stunde unter einer Plastikhaube einwirken. Wiederholen Sie diese Prozedur täglich an acht aufeinanderfolgenden Tagen. Waschen Sie die Kleidung, Bettwäsche und Kuscheltiere bei 60 °C, oder erhitzen Sie sie im Wäschetrockner. Kontrollieren Sie nach 8 bis 14 Tagen den Erfolg ihrer Behandlungen.

Läuse werden ausgehungert durch vierwöchiges Verpacken von befallenen Gegenständen in Plastikbeuteln. Verwenden Sie niemals Shampoos, Duschgels oder andere Kosmetika zusammen mit Läusemitteln. Durch die Quellung der Haut dringen Wirkstoffe leichter ein.

Bei Befall von Kontaktpersonen führen Sie Eigenkontrollen mit einem Läusekamm durch, eine vorbeugende Behandlung ist nicht notwendig.

Taubenzecke

Argas reflexus

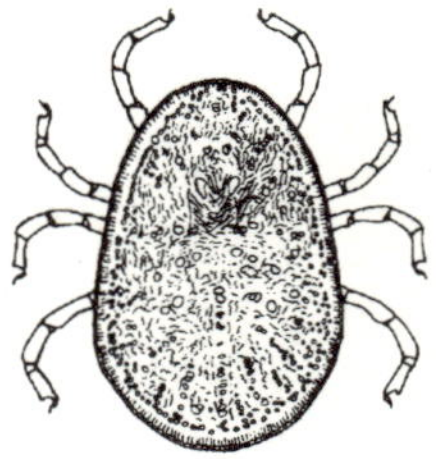

Bestimmung

Die Taubenzecke ist rotbraun, abgeplattet und 5,5 bis 11 Millimeter lang. Die Larven sind dagegen nur bis 1 Millimeter groß. Taubenzecken können leicht mit Bettwanzen verwechselt werden.

Vorkommen

Die nachtaktiven Taubenzecken leben parasitisch an Tauben. Tagsüber leben sie verborgen in Ritzen und Spalten. Mit der Besiedlung von städtischen Dachböden durch Tauben gelangen auch Taubenzecken gelegentlich aufgrund von Massenvermehrungen in die darunterliegenden Wohnungen. Besonders nachdem die Tauben ausgesperrt werden, zum Beispiel vor einem geplanten Dachausbau, kann es zu Invasionen kommen.

Schäden

Taubenzecken saugen ersatzweise auch an Menschen Blut. Die Stiche werden oft nicht gleich bemerkt, können aber heftige allergische Reaktionen hervorrufen, so daß Wohnungen nach einem starken Befall unbewohnbar werden.

Bekämpfung

Die Einflugmöglichkeiten für Tauben sollten beseitigt werden.

Fliegengitter an Fenstern verhindern die Einwanderung über die Außenwand.

Reinigen Sie Dachböden mit Besen und Staubsauger, anschließend Staubsaugerbeutel in einer Plastiktüte verschließen und in die Mülltonne werfen.

Möglich ist eine Heißluftsanierung, ähnlich wie sie bei Holzschädlingen üblich ist. Alternativ beauftragen Sie einen qualifizierten Kammerjäger, der möglichst keine langlebigen Wirkstoffe einsetzen sollte, besonders wenn ein Dachausbau geplant ist.

10 Allgemein bekannte Schädlinge, Lästlinge oder lästige Nützlinge

Ameisen

Formicoidea

Bestimmung

Ameisen sind Insekten mit einem deutlich abgegrenzten Kopf, Brust und Hinterleib sowie sechs langen dünnen Beinen.

Ameisen finden sich an fast allen Orten und Siedlungen, so daß sie hinlänglich bekannt sind. Die Arbeiterinnen der im Haus lästigen oder schädlichen Arten erreichen eine Körpergröße je nach Art von 2 bis 5 Millimetern.

Ameisen können sehr unterschiedliche Bedeutungen als Schädling oder Lästling erreichen. Im Folgenden werden stellvertretend die Schwarzgraue Wegameise, einige Holzameisen und die Pharaoameise vorgestellt.

Bei Verdacht auf Holzschäden sollte ein Experte die Ameisenart feststellen.

Schwarzgraue Wegameise

Lasius niger

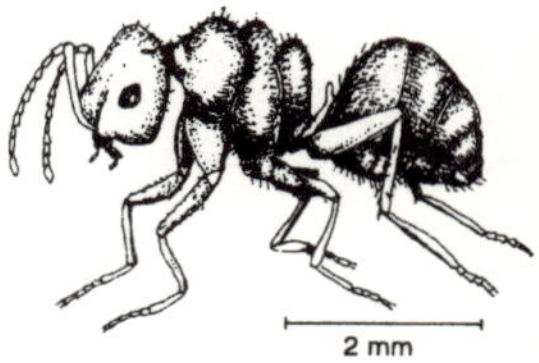

Vorkommen

Die schwarzgraue, manchmal auch rötliche Wegameise ist weit verbreitet. Sie kann überall auftreten, im Gartenboden, unter Gehwegplatten, unter der Terrasse und in Blumenkübeln.

Auf der Suche nach Nahrung dringen sie in die Häuser ein und werden recht lästig. Findet eine Arbeiterin passende Nahrung, in der Regel zuckerhaltige Substrate, Fleisch und Eier, so legt sie eine Duftspur, durch die bald Hunderte ihrer Artgenossinnen zur Futterstelle geleitet werden. So entsteht eine »Ameisenstraße«.

Schäden

Ameisen richten keinen großen Schäden an. Sie können allerdings sehr lästig werden!

Bekämpfung

Bei Ameisenstraßen von draußen nach drinnen den Staubsauger einsetzen, die Duftspur feucht wegwischen und anschließend Diatomeenerde ausstreuen. Ameisen laufen ungern über solche staubigen Flächen. Bei Nestern im Mauerwerk die Zugänge abends mit Lehm oder Kitt verschmieren.

Das Auslegen von Lavendel, Rainfarn, Kerbelkraut, Zimt oder Walnußblättern kann erfolgreich sein. Der Duft muß aber ständig erneuert werden! Abschreckend wirken verschiedene Gießmittel **24.** Bei trockener Witterung wirkt fein gemahlenes Nelkenpulver ausgezeichnet (Terrasse, Kübelpflanzen).

Man kann Ameisen mit einem in Zuckerwasser getränkten Schwamm fangen und diesen anschließend in einen Topf mit heißem Wasser tauchen.

Generell ist es aber relativ sinnlos, massenhaft Arbeiterinnen zu töten, solange die Königin weiterlebt. Deswegen hat das konsequente Aufsuchen und Entfernen der Nester den größeren Erfolg. Dazu stülpen Sie einen mit Holzwolle und Erde gefüllten Tontopf über den Nesteingang und warten ca. eine Woche. Die Ameisen bringen nun ihre Brut in den Topf ein, den Sie bequem entfernen können. Nester im Freien sollten weitgehend toleriert werden! Einzelne Nester im Mauerwerk mit Ausgängen im Haus werden mit geprüften Ameisenköderdosen gegen Haus- und Wegameisen **17** abgetötet.

Holzameisen

Rotrückige Hausameise	*Lasius brunneus*
Glänzend schwarze Holzameise	*Lasius fuliginosus*
	Lasius emarginatus

Vorkommen

Holzameisen leben im Freiland in Erdnestern oder in Bäumen. Im Haus findet man sie in feuchtem Holz, Balken, freiliegenden Balkenköpfen und Dielen.

Schäden

Die Rotrückige Hausameise schädigt sowohl durch Insekten oder Pilze vorgeschädigtes als auch unbeschädigtes Bauholz am Haus. Es können beispielsweise freiliegende Balkenköpfe besiedelt und durchlöchert werden.

Die Glänzend schwarze Holzameise siedelt in Hohlräumen, unter Treppen, in Zwischenwänden und unter der Veranda, wo sie kartonartige Nestbauten errichtet. Als Bauholzzerstörer wird sie schädlich, wenn das Holz durchfeuchtet ist.

Lasius emarginatus bevorzugt insekten- und pilzgeschädigtes Bauholz an sonnigen oder wärmeren Wänden. Sie gilt auch als Anzeiger für Holzschäden im Unterdielen- und Deckenbereich.

Bekämpfung

Tritt eine Ameisenart als Holzschädling in Erscheinung, müssen auf jeden Fall Bekämpfungsmaßnahmen eingeleitet werden. Entweder werden eigene Bekämpfungsversuche mit geprüften Fertigködern **17** durchgeführt, besser jedoch, besonders in dringenden Fällen bei Ausbreitungsgefahr der Ameisen, sollte ein sachkundiger Schädlingsbekämpfer eingeschaltet werden. Ziel ist bei Bauholzbefall immer eine Tilgung des Ameisenstaates, die mehrere Wochen in Anspruch nimmt. Eventuell müssen stark geschädigte Holzteile ausgetauscht werden.

Bei feuchtem und vorgeschädigtem Holz gilt es nach der erfolgreichen Bekämpfung, die Ursache der Feuchtigkeit und den Befall durch vorhergehende Insekten und Pilze zu erkennen und zu beseitigen.

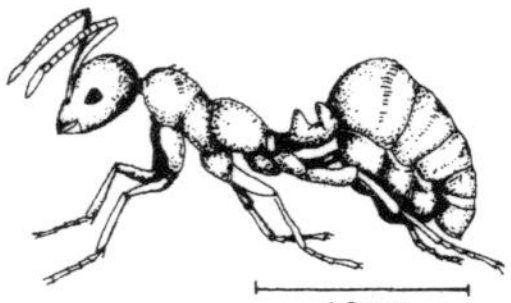
1,2 mm

Pharaoameise

Monomorium pharaonis

Bestimmung

Diese Ameise ist die kleinste unter den hier vorkommenden Arten. Sie wird nur 1,5 bis 2,5 Millimeter lang und ist honig- bis hellgelb. Die Königinnen sind doppelt so groß.

Vorkommen

Pharaoameisen wurden nachweislich 1901 in Hamburg eingeschleppt. Sie können im Freien den Winter nicht überstehen und benötigen zur Fütterung der Larven eiweißhaltige Substrate wie Fleisch, Innereien, Rahm, Eier, Käse, Blut, aber auch Brot und Zucker. Sie wandern von einem warmen Gebäude ins andere und verbreiten sich durch Lüftungs- und Heizungsschächte. Sie bevorzugen warme Rückseiten von Kühl- und Gefrierschränken, Herden oder Warmwasserbereitern. Optimale Temperaturen sind 25 bis 30 °C. Unter 20 °C findet keine Vermehrung mehr statt; bei 0 bis 5 °C kommt es oft zum Absterben von Ameisen und Larven. Pharaoameisen können innerhalb einer halben Stunde ein komplettes Nest verlegen. Sie legen verzweigte Tochternester mit mehreren Königinnen an.

Schäden

Fraßschäden an den genannten Vorräten. Sie sind als Krankheitsüberträger in Krankenhäusern bekannt und dringen durch winzige Ritzen ein, beispielsweise in Petrischalen, Infusionsgeräte oder unter Verbände.

Bekämpfung

Eine Bekämpfung der umherlaufenden Arbeiterinnen mit Pestiziden ist hier wie auch bei allen anderen staatenbildenden Ameisen vollkommen sinnlos, da die Königin immer neuen Nachwuchs produziert. Lassen Sie niemals offene Speisen stehen, auch nicht im Kühlschrank oder Backofen.

Nach Reisen oder Klinikaufenthalten sollten Sie die mitgebrachte Kleidung im Freien ausschütteln und waschen, außerdem mitgebrachte Nahrungsmittel kontrollieren und verpacken. Besondere Sorgfalt ist bei der Lagerung von Abfällen geboten. Verwenden Sie auch im Haus verschließbare Abfallbehälter. In verschiedenen Ratgebern wird das Auslegen von Giftködern empfohlen, die gemahlene Leber mit 5% Borax bzw. Borsäure **2** enthalten. Einfacher ist es, die zugelassenen und geprüften Pharaoameisenköder **40** zu verwenden. Die Köder enthalten ein spät wirkendes Fraßgift, mit dem die Königin und die Brut gefüttert wird, so daß diese ebenfalls abstirbt.

In der Regel wird zur Tilgung eines Befalls die Sachkunde eines Schädlingsbekämpfers notwendig sein. Weiterhin möglich, aber aufwendiger ist es, das Haus in strengen Wintern 1 bis 2 Nächte durchfrieren zu lassen. Vorher sollten Sie aber unbedingt das Wasser ablassen und andere Frostschutzmaßnahmen ergreifen.

Hausmaus

Mus musculus

Bestimmung

Mit 7 bis 11 Zentimetern Körperlänge ist die Hausmaus der kleinste Schadnager im Haus. Der Schwanz ist meist länger als der Körper. Die Farbe variiert von Dunkelbraun bis Graubraun, der Bauch ist hellbraun bis weißlich.

Vorkommen

In Gebäuden aller Art und im Freien auf Feldern. Die Feldpopulationen ziehen sich im Winter in Gebäude und Scheunen, auf Dachböden und in Heizungsschächte zurück. Wo sich Mäuse einmal eingenistet haben, verbringen sie oft ihr ganzes Leben von 3 bis 20 Monaten.

Ein Mäuseweibchen ist nach etwa einem Monat geschlechtsreif und kann bis zu achtmal im Jahr 5 bis 6 Junge werfen.

Schäden

Sie fressen an Vorräten, Nahrungs- und Futtermitteln aller Art und verschmähen auch Holz, Papier, Leder und Textilien nicht. Mäuse können Krankheiten wie Leptospirose (Weil'sche Krankheit), Salmonelleninfektionen und Virusinfektionen sowie andere Schädlinge wie Milben oder Flöhe übertragen.

Bekämpfung

Die Beseitigung von Schlupflöchern und Möglichkeiten zum Nestbau, saubere Aufbewahrung von Vorräten und sorgfältiges Abfallmanagement beugen einer Zuwanderung vor.

Vergrämungsmittel wie Mixturen aus ätherischen Ölen oder Elektroverdampfer und Ultraschallgeräte helfen nicht; ebensowenig Lebendfallen. Die Tiere lernen schnell, ob Gefahr droht oder nicht.

Fraßköder mit Vitamin D führen nach etwa 3 Tagen zum Tod des Tieres, wobei im Gegensatz zu Fraßködern auf Cumarinbasis 27 auch kein »Leichengeruch« ausströmt, der andere Mäuse warnt. Die Köderplätze müssen immer wieder variiert werden.

Langfristig wirksam, billig und ungiftig sind Schlagfallen für Mäuse aus dem Haushaltswarengeschäft. Sie sollten an ständig wechselnden Orten aufgestellt und in mehreren Folgeaktionen angewendet werden.

Gegen einzelne verirrte Tiere hilft die Papierkorbfalle (s. Wanderratte S. 94), mit Erdnußbutter oder Pumpernickel bestückt.

Wanderratte

Rattus norvegicus

Bestimmung

Die Wanderratte ist ein 19 bis 27 Zentimeter langes Nagetier, dessen Schwanz etwas kürzer ist als der Körper. Der Rücken und die Seiten sind braungrau, manchmal schwärzlich oder rostbraun überflogen. Der Bauch ist weißlich.

Vorkommen

Sie kommen unter anderem vor in Kellern, Lagerräumen, Ställen, Scheunen, Kanalisationen, auf Küstenfahrzeugen, Müllplätzen u. a. Das Nest besteht aus einer flachen, offenen Mulde; im Freien graben sie auch Erdhöhlen. Wanderratten sind gute Taucher und Schwimmer und tag- und dämmerungsaktiv. Durch die regelmäßigen Rattenbekämpfungsmaßnahmen der Kommunen sind Resistenzbildungen aufgetreten, so daß viele Ratten heute gegen Rattengifte immun sind.

Schäden

In Kellern und Vorratsräumen befressen und verschmutzen sie Vorräte und Nahrungsmittel aller Art. Sie zerfressen Bretter, Balken, Türen, Möbel, Kunststoff und Lehmwände, sie beschädigen Isolierungen von elektrischen Leitungen und machen auch vor Metallen nicht halt. In Mieten und Gewächshäusern richten sie ebenfalls große Schäden an. Sogar von Beschädigungen an Dämmen und Deichen wird berichtet. Sie gelten als Überträger einer langen Reihe von Krankheiten wie Leptospirose, Salmonellen, Schweinetrichinen, Fleckfieber, Tuberkulose, Bandwürmer, und sie beherbergen Milben und Flöhe.

Bekämpfung

Gegen einzelne verirrte Tiere in Innenräumen stellen Sie neben einfach zu erkletternden Möbeln beispielsweise einen hohen Plastikpapierkorb, dessen Innenwände mit Fett bestrichen werden und in den neben etwas Holzwolle oder aufgebauschtem Papier auch Nahrungsreste gelegt werden. Ist das Tier gefangen, sofort verschließen und vorsichtig aus dem Gebäude bringen. Handschuhe und Stiefel sind nicht übertrieben! Durch Rattenbisse können eine Reihe von Krankheiten übertragen werden.

Wanderratten kommen durch defekte Kanalisation und wasserführende Gräben in die Nähe der Häuser. Eine Untersuchung der Umgebung gibt möglicherweise Auskunft über die Befallsquelle. Die Schlupflöcher müssen beseitigt oder mit Maschendraht von höchstens 2 Zentimeter Maschenweite verschlossen werden. Ordnung und Übersicht in Haus und Hof vermindert die Zuwanderung von Ratten.

Schlagfallen werden schon nach kurzer Zeit gemieden, so daß außer bei einzelnen Tieren keine großen Bekämpfungserfolge erzielt werden. Die Verwendung von Leimfallen ist tierschutzwidrig!

Die Bekämpfung mit Fraßgiften sollte am besten ausgebildeten Schädlingsbekämpfern überlassen werden. Falls Sie selber aktiv werden möchten, ist die Giftausbringung in geschlossenen Boxen **26**, die weder Kindern noch Haus- und Wildtieren einen Zugang ermöglicht, unabdingbar. Die Boxen müssen nach Abschluß der Bekämpfung wieder beseitigt werden.

Kellerassel

Porcellio scaber

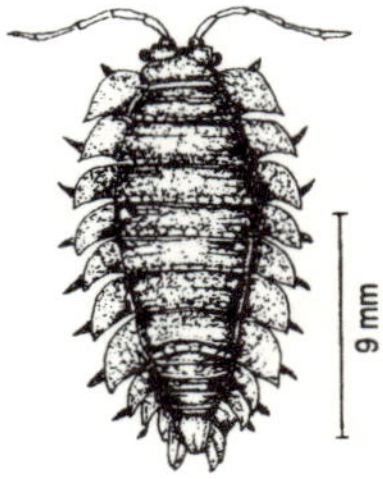

Bestimmung

Asseln gehören zu den Krebstieren! Sie sind einfarbig graue Tiere mit 7 Paar Beinen. Sie werden bis 1,8 cm lang. Daneben treten in unseren Breiten schwärzlichbraune Mauerasseln mit 2 hellen Fleckenreihen auf dem Rücken und glatte Rollasseln, die sich bei Berührung zusammenrollen können, auf.

Vorkommen

Meistens treten Kellerasseln in feuchten Kellern oder Badezimmern und nicht unbedingt in der Nähe von Vorräten auf. Sie benötigen einen gewissen Feuchtigkeitsgrad zum Überleben.

Asselweibchen betreiben eine besondere »Brutpflege«, indem sie die befruchteten Eier und auch die frisch geschlüpften Jungen in einer flüssigkeitsgefüllten Tasche auf dem Bauch mit sich herumtragen. Diese zunächst ganz weißen Jungtiere sind nach etwa 3 Monaten und verschiedenen Häutungen ausgewachsen.

Die Nahrung von Asseln besteht hauptsächlich aus verfaulenden pflanzlichen Substanzen. Daher sind sie massenhaft in Komposthaufen anzutreffen.

Schäden

Asseln richten kaum Schäden an, werden aber – gerade bei Massenauftreten – als lästig empfunden.

Bekämpfung

Dichten Sie alle Versteckmöglichkeiten ab. Nach dem

Baden oder Duschen wischen Sie Spritzwasser an Wänden und Boden auf.

Ködern Sie die Asseln, indem Sie faulige halbierte Kartoffeln oder Rüben auslegen. Die Asseln fressen sich ins Innere, und Sie können sie dann auf den Komposthaufen bringen.

Eine weitere Möglichkeit besteht darin, Blumentöpfe locker mit feuchtem Moos, feuchter Holzwolle und Resten von gekochten Kartoffeln zu füllen und mit der Öffnung gegen eine Wand zu stellen. Tauschen Sie regelmäßig die Füllung aus.

Legen Sie eine mit 96% Alkohol oder Weingeist ausgespülte Flasche so, daß die Mündung den Boden berührt. Hineinkriechende Asseln werden betäubt. Fertige Fallen sind ebenfalls im Handel erhältlich **22**.

Streuen Sie Diatomeenerde **1** an trockenen Türschwellen und Fenstersimsen aus.

Silberfischchen

Lepisma saccharina

Bestimmung

Silberfischchen sind flügellose, silbrig glänzende Tiere, die 7 bis 13 Millimeter lang werden. Vom Kopf bis zum Hinterende verjüngt sich ihre Form. Am Kopf tragen sie 2 Fühler, am Hinterende 3 borstenförmige Anhänge.

Vorkommen

Silberfischchen leben etwa 2 Jahre. Sie sind nachtaktive, wärmeliebende Tiere, die entwicklungsgeschichtlich zu den ältesten Tiergruppen unserer Zeit gehören.

Sie ernähren sich von stärke- und zuckerhaltigen Stoffen wie Mehl, Zucker, Kleister, Kleber, Bucheinbänden, Samen, gestärkten Gardinen, alten Fotos. Sie treten im Haus vor allem an feuchten und warmen Stellen (Bad und Toilette, Küche) auf. Auch im Vorratsschrank kann man sie finden, hier fressen sie stärkehaltige Nahrungsmittel und Zuckerwaren (der lateinische Name bedeutet »Zuckergast«).

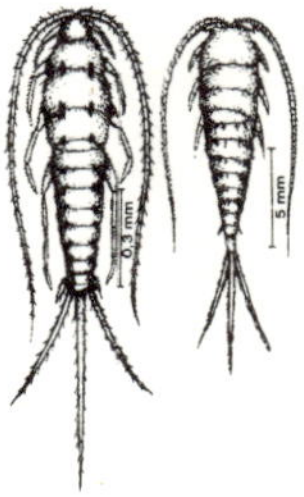

Silberfischchen legen ihre Eier in Ritzen und Spalten und entwickeln sich ausgezeichnet bei Temperaturen zwischen 25 und 30 °C. Bei Kälte ist keine Vermehrung möglich. Silberfischchen sind zwar lästig, aber relativ harmlos. Sie bereiten nur in Massen Probleme.

Sie fressen übrigens auch Hausstaubmilben.

Schäden

Sie schädigen durch Schabe- und Lochfraß an den genannten Produkten. Silberfischchen verlieren Körperschuppen an ihren Fraßplätzen.

Sie übertragen keine Krankheiten und lösen nach derzeitigem Erkenntnisstand keine Allergien aus.

Bekämpfung

Ein Gemisch aus Borax 2 und Zucker im Verhältnis 1:1 mischen und vor den Schlupflöchern ausstreuen, aber nur wenn keine Kinder und Haustiere gefährdet werden. Alternativ kann man auch einen feuchten weißen Baumwollappen mit etwas Gips bestreuen und als Versteck auslegen. Die Silberfischchen können dann mit dem Lappen draußen ausgeschüttelt werden.

Auf jeden Fall muß auf niedrige Luftfeuchtigkeit geachtet werden. Beispielsweise sollten Dusche und Bad von Spritzwasser befreit und gut gelüftet werden. Das Trockenhalten von Ritzen und Fugen im Bad kann als alleinige Maßnahme schon sehr erfolgreich sein.

Weiterhin können Pappstreifen ausgelegt werden, die mit Honig oder Sirup bestrichen sind und auf denen die Tiere kleben bleiben.

Nur bei Massenbefall sind Köderdosen angezeigt. Köderdosen mit dem Wirkstoff Chlorpyrifos haben sich im Labor als wirksam erwiesen, besonders dann wenn die Silberfischchen hungrig waren **19**. Sauberkeit und Hygiene beseitigt die Nährsubstrate und dämmt den Befall ein.

Tips zum richtigen Lüften finden sie im Abschnitt über Staubläuse (S. 68).

Bei Befall unter Einbauküchen und in Ritzen entweder eine hauchdünne Schicht Borsäure **2** oder Diatomeenerde **1** ausstäuben.

Stubenfliege

Musca domestica

Bestimmung

Die große Stubenfliege hat eine Körperlänge von 7 bis 8 Millimetern und gehört wie auch die kleine Stubenfliege (Fannia canicularis) zu der Familie Muscidae. Der Vorderleib ist grau und schwarz gemustert, und der Hinterleib ist an der Basis gelb.

Vorkommen

Stubenfliegen treten vor allem in Häusern mit nahe liegenden Stallungen oder Abfallansammlungen auf. Sie befinden sich viel häufiger auf faulendem Obst als auf Kot und Kadavern. Bio-Abfalltonnen und Komposthaufen sind daher als Brutstätten sehr attraktiv. Die Larven sind kopf- und fußlose Maden. Die Puppen werden wegen ihrer Form als Tönnchenpuppen bezeichnet. Die Entwicklung kann im Sommer in nur 2 bis 3 Wochen durchlaufen werden. Verwechslungen mit den besonders im Herbst in ländlichen Gegenden auftretenden blutsaugenden Wadenstechern sind möglich. Bei ihnen erkennt man den immer nach vorne gerichteten Stechrüssel.

Schäden

Stubenfliegen fallen durch ihr Summen, Umherfliegen, auf der Haut Kribbeln und Hinterlassen von Fliegenschmutz sehr lästig. Sie können offen stehende Nahrungsmittel durch Eiablage und Entwicklung der Maden verderben. Ihre Rolle als Krankheitsüberträger wird nach Expertenmeinung hierzulande etwas überschätzt.

a Larve
b Puppe
c Weibliche Fliege

Allerdings gibt es Hinweise auf die Übertragungsmöglichkeit des Magengeschwür verursachenden Keims Helicobacter pylori.

Bekämpfung

Beseitigen Sie Brutstätten am Haus. Legen Sie Misthaufen und Komposthaufen entfernt vom Haus an. Wickeln Sie Fleischreste und Gekochtes in Zeitungspapier, und bringen Sie es dann erst in die schattig aufgestellte Bio-Abfalltonne oder auf den Kompost. Lassen Sie Fleisch und andere verderbliche Nahrungsmittel in der Küche nicht offen stehen.

Katzen- und andere Haustiertoiletten sollten regelmäßig gereinigt werden. Insektenschutzgitter an den Fenstern oder zumindest am Küchenfenster verhindern den Zuflug, auch Perlenvorhänge an den Türen halten die Fliegen ab. Mit Fliegenklatsche und Staubsauger können einzelne Fliegen effektiv bekämpft werden. Die bewährten Leimbandfliegenfänger sehen zwar nicht schön aus, sind jedoch brauchbare Fliegenfänger in Lampen- oder Fensternähe. Fliegen mögen keine ätherischen Duftstoffe in der Raumluft, weder direkt aus dem Duftölfläschchen noch durch nelkenbespickte Zitronen. Eine Flasche mit zuckerhaltiger Flüssigkeit wie Saft oder Honig und einem Tropfen Spülmittel gefüllt dient als Fliegenfalle. Eine gebrauchsfertige Fliegenklebefalle ist im Handel zu erwerben.

Taufliege

Drosophila spec.

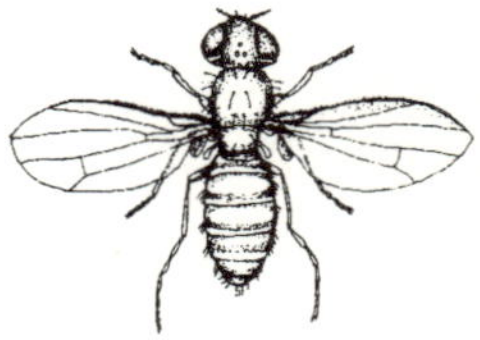

Bestimmung

Die erwachsenen Tiere sind 1 bis 6 Millimeter lang und gelb, braun oder schwarz gefärbt. Die Maden werden bis 8 Millimeter lang. Die häufigste Art, *Drosophila funebris,* ist an den roten Augen und ihrer charakteristischen »Tönnchenpuppe« gut zu erkennen.

Vorkommen

Die Maden leben an bzw. in gärenden Substanzen. Insbesondere fauliges Obst wie Bananen mit weichen, braunen Stellen, Himbeeren und essigsaure Gemüse werden bevorzugt. Außerdem treten sie in Wein, Bier und Essig und auch in Fruchtsäften auf. Gelegentlich wird auch Fleisch angenommen.

Schäden

Ekelerregung und Verunreinigung der genannten Nahrungsmittel durch die Maden, Übertragung von Fäulniserregern durch die ausgewachsenen Fliegen.

Die Gefahr der Krankheitsübertragung durch Taufliegen wird nicht vermutet.

Bekämpfung

Sicher hilft die rasche Entfernung aller verfaulten Lebensmittel und Abfälle im Haushalt. Alle Gefäße mit zubereitetem Obst und Gemüse sollten geschlossen gehalten werden. Sind alle Nährsubstrate beseitigt, werden restliche Taufliegen mit einer einfachen Falle eingefangen. Eine Schale mit gärendem oder faulendem Obst wird mit Frischhaltefolie abgedeckt. In die Mitte der Folie wird ein trichterförmiges Gerät mit Loch, beispielsweise eine Sahnespritztülle, oder eine Stück Strohhalm weit hineingedrückt. Die Fliegen finden durch den Geruch zwar in das Gefäß hinein, aber sie finden den Ausgang nicht mehr. Ähnlich funktioniert eine gebrauchsfertige Falle **11**.

Wespen

Vespidae

Bestimmung

Wespen sind schwarzgelb gefärbt mit gelben Beinen und deutlicher »Wespentaille«.

Nur die Deutsche *(Paravespula germanica)* und die Gemeine Wespe *(Paravespula vulgaris)* werden dem Menschen lästig. Andere Arten sind hiervon schwer zu unterscheiden. Außerdem besteht eine Verwechslungsmöglichkeit mit den harmlosen Schwebfliegen.

Vorkommen

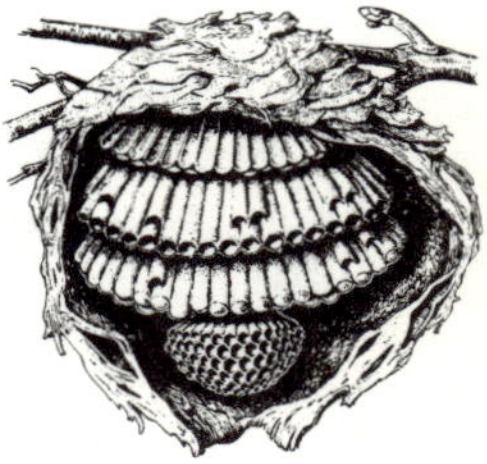

Geöffnetes Nest einer Wespe. Die unterste Wabe ist noch nicht fertiggebaut.

Wespen bilden Staaten. Im Frühjahr beginnt eine befruchtete, überwinterte Königin mit dem Nestbau. Später übernehmen Arbeiterinnen den Weiterbau und die Aufzucht der Larven. Sie füttern die Larven im Nest mit eiweißreicher Nahrung in Form von Insekten. Die Maden geben einen süßes, klebriges Sekret ab, das die Arbeiterinnen aufnehmen. Sie erscheinen bis zum Spätsommer nur in nützlicher Weise. Im Herbst geht die Zahl der Nachkommen zurück. Die Arbeiterinnen dekken Ihren Energiebedarf weniger aus den Ausscheidungen der Larven als durch süße Früchte und Zucker. Dies ist der Zeitpunkt, wo Wespen unangenehm auffallen.

Die einzelnen Wespenarten können am unterschiedlichen Nest unterschieden werden. Hell und trocken »unter Dach« hängende Nester werden von der Sächsischen Wespe gebaut. Niedrig im Gebüsch hängende von der seltenen Mittleren Wespe. Die Deutsche, die Gemeine Wespe und die harmlose und seltene Rote Wespe (geschützt) besiedeln dunkle Hohlräume wie Erdgänge,

Weibchen der Hornisse

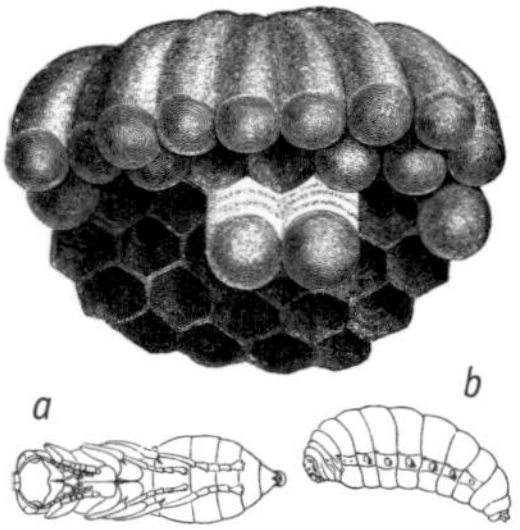

Wabenstück mit gedeckelten und leeren Zellen, a Puppe b Larve

aber auch dunkle Dachböden und oftmals Rolladenkästen. Hornissen (geschützt) bauen ebenfalls in dunkle Räume (Baumhöhlen, Nistkästen). Im Herbst geht das gesamte Volk bis auf befruchtete Königinnen zugrunde. Alte Nester werden niemals neu besiedelt, eventuell aber direkt daneben neu gebaut. Wespen reagieren nur in Nestnähe aggressiv auf Störungen wie Erschütterungen, Verstellen der Flugbahn zum Nesteingang, starke Gerüche und Anatmen. Falls Sie Stiche davontragen, kühlen Sie die Stellen. Sie sind allerdings nicht so gefährlich wie oft gesagt (Hornisse). Bei Allergien gegen Wespengift sollten Sie unbedingt einen Arzt aufsuchen. Männliche Exemplare, erkennbar an besonders langen Antennen, besitzen keinen Stachel.

Schäden

Schäden können nicht nur durch die schmerzhaften Stiche eintreten, sondern es können durch Abschaben von Holz oder Spanplatten und durch Ausscheidungen Flecken und Defekte an Gebäudeteilen entstehen.

Bekämpfung

Das Nest gibt Hinweis auf die Wespenart und mögliche Belästigungen. Eine Duldung sollte zunächst überprüft werden. Ist der Kontakt vermeidbar oder sitzt das Nest am Hauseingang, in der Nähe von Kindergärten oder auf Spielplätzen.

Eine Umsiedlung durch Experten ist nicht unbedingt teurer als eine Abtötung durch einen Schädlingsbekämpfer mit Pestiziden. Adressen von Fachleuten in der Nähe bekommen Sie bei Naturschutzbehörden

,

und Umweltämtern. Soll eine geschützte Art beseitigt werden, ist die Genehmigung der zuständigen Naturschutzbehörde einzuholen.

Fliegengitter an Fenstern schützen vor zudringlichen Wespen. Wespen schaben an Holz und Spanplatten zur Gewinnung von Nestbaumaterial. Wespennester in Hohlräumen oder Rolladenkästen aus Holz können daher auch in Innenräume durchgenagt werden. Besteht diese Gefahr nicht und ist es bereits September oder Oktober, kann auch abgewartet werden, bis die Wespen natürlicherweise absterben und die Königin zur Überwinterung ausfliegt. Nach Absterben des Volkes sollte allerdings der Hohlraum gegen Neubesiedlung im Frühjahr abgedichtet werden. Für Rolladenkästen bietet sich die Montage von Besenstreifen an.

Bei Erdnestern im Garten empfiehlt es, sich einen Abstand von 2 bis 3 Metern, besonders beim Rasenmähen, einzuhalten. Bei jüngeren Kindern ist eine Absperrung sinnvoll. Mahlzeiten im Freien werden sicherer, wenn die Speisen abgedeckt werden, wenn aus Strohhalmen getrunken wird und wenn man Kindern die Reste vom Mund abwischt. Auf jeden Fall darf man nicht um sich schlagen oder hektische Bewegungen ausführen. Werden Wespen mit der Fliegenklatsche erlegt, sollte es beherzt zugehen, damit der erste Schlag gleich tötet.

11 Empfehlenswerte Mittel zur Schädlingsbeseitigung

Diese Liste erhebt keinen Anspruch auf Vollständigkeit

15 Diatomeenerde, Kieselgur, Fossiles Plankton

Handelsname: SilicoSec
Agrinova Biologische Präparate
Produktions-und Vertriebs GmbH
Hauptstr. 13, D-67283 Obrigheim/Mühlheim
Tel. 063 59 / 968 11

Handelsname: Home shield
The Fossil shield Company, Bein GmbH,
Siedlungstr. 6–8, D-36130 Eiterfeld
Infotel Süd 066 72 / 923 30
Infotel Nord 050 31 / 22 74

Handelsname: Insecto-Sec
Andermatt Biocontrol AG, CH-6146 Grossdietwil
Tel. 062 / 917 50 00
Fax 062 / 917 50 01, Internet: www.biocontrol.ch

Handelsname: Bio-Flopuder für Hunde und Katzen
Andermatt Biocontrol AG, CH-6146 Grossdietwil
Tel. 062 / 917 50 00
Fax 062 / 917 50 01, Internet: www.biocontrol.ch

Handelsname: Ungeziefer-Stop
Aeroxon Insect Control GmbH
Bahnhofstr. 35, D-71332 Waiblingen
Tel. 071 51 / 17 15-5, Fax 071 51 / 17 15-30
Internet: www.aeroxon.de
E-Mail: Info@aeroxon.de

15 Borax, Borsäure

Erhältlich in Apotheken, wenn der Verwendungszweck genannt wird.

15 Neem-Sprühmittel zum Textilschutz

Handelsnamen:
Neem-Pro™ Tex Akut, Neem-Pro™Tex Permanent
Trifolio-M GmbH, Sonnenstr. 22, D-35633 Lahnau
064 41 / 96 20 11 (-12)
Fax 064 41 / 646 50, Internet: www.trifolio-m.de
Andermatt Biocontrol AG, CH-6146 Grossdietwil
Tel. 062 / 917 50 00
Fax 062 / 917 50 01, Internet: www.biocontrol.ch

Handelsname: Niem-Textilspray
Niem-Handel Gerald Moser, D-64347 Griesheim
Tel. 061 55 / 27 90
Fax 061 55 / 831 95, Internet: www.Niem-Handel.de

15 Neem-Shampoo für Menschen und Tiere

Handelsname: Neem-Extrakt-FT-Shampoo (Gesundheitsvorsorge)
Handelsname: Neem-Pro™ DOG
Handelsname: Neem-Waschemulsion (Tierpflege)
Trifolio-M GmbH, Sonnenstr. 22, D-35633 Lahnau
Tel. 064 41 / 96 20 11 (-12)
Fax 064 41 / 646 50, Internet: www.trifolio-m.de

Handelsname: Niem-Dusch- & Haarshampoo
Handelsname: Niem-Soapnut-Haarwaschpulver
Handelsname: Niem-Ayurveda-Shampoo
Handelsname: Niem-Tiershampoo
Niem-Handel Gerald Moser, D-64347 Griesheim
Tel. 061 55 / 27 90
Fax 061 55 / 831 95, Internet: www.Niem-Handel.de

Handelsname: Tiershampoo mit Niem
Naturproduktversand J. Semmler
Daimlerstr. 2, D-65321 Heidenrod
Tel. 06 12 24 / 72 01 50, Fax 061 24 / 72 01 50

5 Neem-Pulver

Handelsname: Neem-Puder, NeemAzal™PC 05
Handelsname: Neem-Puder, NeemAzal™PC KG 01
Trifolio-M GmbH, Sonnenstr. 22, D-35633 Lahnau
Tel. 064 41 / 96 20 11 (-12)
Fax 064 41 / 646 50, Internet: www.trifolio-m.de

6 Neem-Extrakte, Neem-Öl

Handelsname: Neem-Öl (kaltgepreßt)
Handelsname: Neem-Extrakt-BD
Trifolio-M GmbH, Sonnenstr. 22, D-35633 Lahnau
Tel. 064 41 / 96 20 11 (-12)
Fax 064 41 / 646 50, Internet: www.trifolio-m.de

Handelsname: Niem-Tierrepellent-Konzentrat
Handelsname: Niemöl – fluid
Handelsname: Niemöl – kaltgepreßt
Niem-Handel Gerald Moser, D-64347 Griesheim
Tel. 061 55 / 27 90
Fax 061 55 / 831 95, Internet: www.Niem-Handel.de

7 Neem-Creme

Handelsname: Neem-Extrakt-Salbe
Handelsname: Neem-Extrakt-Salbe *für Haustiere*
Trifolio-M GmbH, Sonnenstr. 22, D-35633 Lahnau
Tel. 064 41 / 96 20 11 (-12)
Fax 064 41 / 646 50, Internet: www.trifolio-m.de

Handelsname: Niem-Tierpomade
Handelsname: Niem-Balsam
Niem-Handel Gerald Moser, D-64347 Griesheim
Tel. 061 55 / 27 90
Fax 061 55 / 831 95, Internet: www.Niem-Handel.de

8 Pheromonfalle für Tabakkäfer

Handelsname: LASSER
Trifolio-M GmbH, Sonnenstr. 22, D-35633 Lahnau
Tel. 064 41 / 96 20 11 (-12)
Fax 064 41 / 646 50, Internet: www.trifolio-m.de

9 Pheromonfallen für Vorratsmotten

Handelsname: KOMDIS (Lebensmittelmotten)
Trifolio-M GmbH, Sonnenstr. 22, D-35633 Lahnau
Tel. 064 41 / 96 20 11 (-12)
Fax 064 41 / 646 50, Internet: www.trifolio-m.de

Handelsname: EPHELU (Heu- und Tabakmotte)
Trifolio-M GmbH, Sonnenstr. 22, D-35633 Lahnau
Tel. 064 41 / 96 20 11 (-12)
Fax 064 41 / 646 50, Internet: www.trifolio-m.de
Handelsname: Lebensmittelmotten Klebefalle
BIp GbR, Hosemannstr. 8, D-10409 Berlin
Tel. 030 / 42 80 08 40, Fax 030 / 42 80 08 41

Handelsname: Permanent ®Speisemotten-Falle
W. Neudorff GmbH KG, Postfach 1209
D-31857 Emmertal
Tel. 051 55 / 624-0
Fax 051 55 / 624-0, Internet: www.neudorff.de

Handelsname: Lebensmittel-Mottenfalle Spiess-Urania
C. F. Spiess & Sohn GmbH & Co.
Hauptstraße 4, D-67271 Kleinkarlbach oder
Urania Chemicals GmbH
Heidenkampsweg 77, D-20097 Hamburg

Handelsname: Lebensmittelmottenfalle
Vorratsschutz GmbH
Dr.-Werner-Freyberg-Str. 11, D-69514 Laudenbach
Tel. 062 01 / 70 84 80

Handelsname: Mottlock Klebestreifen
Snoek GmbH
Tannenweg 153, D-27356 Rotenburg-Mulmshorn
Tel. 042 68 / 400, Fax 042 68 / 13 13

Weitere Fabrikate finden Sie in Garten- und Samenfach-geschäften sowie in Drogerien, Apotheken und Bio-Läden.

10 Pheromonfallen für Kleidermotten

Handelsname: TINBIS
Trifolio-M GmbH, Sonnenstr. 22, D-35633 Lahnau
Tel. 064 41 / 96 20 11 (-12)
Fax 064 41 / 646 50, Internet: www.trifolio-m.de
Handelsname: Permanent ®Kleidermotten-Falle
W. Neudorff GmbH KG, Postfach 1209
D-31857 Emmertal
Tel. 051 55 / 624-0, Internet: www.neudorff.de

Handelsname: Kleidermottenfalle
Andermatt Biocontrol AG
CH-6146 Grossdietwil
Tel. 062 / 917 50 00
Fax 062 / 917 50 01, Internet: www.biocontrol.ch

Handelsname: Kleidermottenfalle
Vorratsschutz GmbH,
Dr.-Werner-Freyberg-Str. 11, D-69514 Laudenbach
Tel. 062 01 / 70 84 80

Handelsname: Mottlock Mottenbox
Snoek GmbH
Tannenweg 153, D-27356 Rotenburg-Mulmshorn
Tel. 042 68 / 400, Fax 042 68 / 13 13

Weitere Hersteller finden Sie in Garten- und Samenfachgeschäften sowie in Drogerien, Apotheken und Bio-Läden.

11 Fruchtfliegenfallen

Handelsname: Schmidt-Fruchtfliegenfalle
Werner Schmidt Pharma GmbH
Grandkaule 18, D-53859 Niederkassel
Tel. 022 08 / 43 84, Fax 022 08 / 40 20
E-Mail: schmidt@werner-schmidt-pharma.de

12 Fliegenklebefalle

Handelsname: Schmidt-Hausfliegenfalle
Werner Schmidt Pharma GmbH
Grandkaule 18, D-53859 Niederkassel
Tel. 022 08 / 43 84, Fax 022 08 / 40 20
E-Mail: schmidt@werner-schmidt-pharma.de

Handelsname: Permanent-Fliegenködertafeln
Naturproduktversand J. Semmler
Daimlerstr. 2, D-65321 Heidenrod
Tel. 06 12 24 / 72 01 50, Fax 061 24 / 72 01 50

13 Nützling, Schlupfwespe *Trichogramma evanescens*

Handelsname: *Trichogramma*-Karte
BIp GbR, Hosemannstr. 8, D-10409 Berlin
Tel. 030 / 42 80 08 40, Fax 030 / 42 80 08 41

Handelsname: Mottlock Mottcontrol
Aries Umweltprodukte
Stapeler Dorfstraße 47, D-27367 Horstedt
Tel. 042 88 / 93 01-0, Fax 042 88 / 93 01-20
E-Mail: aries@t-online.de
Snoek GmbH
Tannenweg 153, D-27356 Rotenburg-Mulmshorn
Tel. 042 68 / 400, Fax 042 68 / 13 13

Handelsname: TrichoKarte Vorrat
AMW Nützlinge GmbH
Außerhalb 54, D-64319 Pfungstadt
Tel. 061 57 / 99 05 95

14 Nützling, Mehlmottenschlupfwespe
Habrobracon hebetor

Handelsname:
Mehlmottenschlupfwespe *Habrobracon hebetor*
BIp GbR, Hosemannstr. 8, D-10409 Berlin
Tel. 030 / 42 80 08 40, Fax 030 / 42 80 08 41

15 *Bacillus-thuringiensis*-Präparat

Handelsname: Solbac Tabs
Andermatt Biocontrol AG, CH-6146 Grossdietwil
Tel. 062 / 917 50 00
Fax 062 / 917 50 01, Internet: www.biocontrol.ch

Handelsname: Neudomück
Naturprodukteversand J. Semmler
Daimlerstr. 2, D-65321 Heidenrod
Tel. 06 12 24 / 72 01 50, Fax 061 24 / 72 01 50

16 Pharaoameisenköderdosen

Handelsname: Professional Pharaoameisenköder
Deutsche Gesellschaft für Schädlingsbekämpfung
(DGS) Niederlassung Hamburg
Packersweide 19, D-20539 Hamburg
Tel. 040 / 75 49 45 10, Fax 040 / 754 64 33

Handelsname: Maxforce Pharaoameisenköder
Piana GmbH
Sörgelstr. 3a, D-81477 München
Tel. 089 / 791 71 57
Fax 089 / 791 76 62, Internet: www.piana.de

17 Ameisenköderdosen

Nexa Lotte Ameisen-Köder Spezial
Shell-Agrar GmbH & Co. KG.
D-55218 Ingelheim
Internet: www.celaflor.de

Handelsname: Ameisenköder-Dose
Aeroxon Insect Control GmbH
Bahnhofstr. 35, D-71332 Waiblingen
Tel. 071 51 / 17 15-5, Fax 071 51 / 17 15 30
Internet: www.aeroxon.de, E-Mail: Info@aeroxon.de

Handelsname: Loxiran Ameisen-Fallen
Handelsname: Loxiran Ameisen-Buffet
W. Neudorff GmbH KG, Postfach 1209
D-31857 Emmertal
Tel. 051 55 / 624-0, Internet: www.neudorff.de

18 Schabenköder

Handelsname: Nexa Lotte Ungeziefer-Köder Spezial
Shell-Agrar GmbH & Co. KG.
D-55218 Ingelheim
Internet: www.celaflor.de

Handelsname: Maxforce-Schabenköder
Cyanamid GmbH, Wolfratshausen

Handelsname: Maxforce Schabenköder
Piana GmbH
Sörgelstr. 3a, D-81477 München
Tel. 089 / 791 71 57, Fax 089 / 791 76 62
Internet: www.piana.de

19 Silberfischchenköderdose

Handelsname: Silberfischchenköder-Dose
Aeroxon Insect Control GmbH
Bahnhofstr. 35, D-71332 Waiblingen
Tel. 071 51 / 17 15-5, Fax 07 151 / 17 15-30
Internet: www.aeroxon.de, E-Mail: Info@aeroxon.de

Handelsname: Schmidt – Silberfischchen – Biobox
Werner Schmidt Pharma GmbH
Grandkaule 18, D-53859 Niederkassel
Tel. 022 08 / 43 84, Fax 022 08 / 40 20
E-Mail: schmidt@werner-schmidt-pharma.de

20 Schabenfallen mit Lockstoff

Handelsname:
Notox Mehrweg Köderdosen mit Notox Lockstoff
Notox Umweltfreundliche
Schädlingsbekämpfungsmittel GmbH
Westliche Ringstr. 14, D-74889 Sinsheim
Tel. 072 61 / 760, Fax 07 26 17 / 10 06

Handelsname: Insektenil-Schabenklebefalle
Hentschke+Sawatzki Chemische Fabrik GmbH
Leinestr. 17, D-24506 Neumünster
Tel. 043 21 / 98 72-0, Fax 043 21 / 98 72 99

Handelsname: Schabenfalle
Vorratsschutz GmbH
Dr.-Werner-Freyberg-Str. 11, D-69514 Laudenbach
Tel. 062 01 / 70 84 80

Handelsname: Hoy-Hoy Schabenfalle
Snoek GmbH
Tannenweg 153, D-27356 Rotenburg-Mulmshorn
Tel. 042 68 / 400, Fax 042 68 / 13 13

21 Leimstreifen

Handelsname:
Notox OE Klebeband und Notox Diskret Elemente
Notox Umweltfreundliche
Schädlingsbekämpfungsmittel GmbH
Westliche Ringstr. 14, D-74889 Sinsheim
Tel. 072 61 / 760, Fax 07 26 17 / 10 06

22 Kellerasselfallen

Handelsname: Kellerasseln- und Schabenfalle
Aeroxon Insect Control GmbH
Bahnhofstr. 35, D-71332 Waiblingen
Tel. 071 51 / 17 15-5, Fax 071 51 / 17 15-30
Internet: www.aeroxon.de, E-Mail: Info@aeroxon.de

23 Mottenabwehr mit ätherischen Ölen

Handelsname: Motten-Stop Gel
Aeroxon Insect Control GmbH
Bahnhofstr. 35, D-71332 Waiblingen
Tel. 071 51 / 17 15-5, Fax 071 51 / 17 15-30
Internet: www.aeroxon.de, E-Mail: Info@aeroxon.de

Handelsname: Mottenöl Emulsion (Schrankpolitur)
Handelsname: Mottenöl Emulsion
Handelsname: Lavendel Mottenschutz
Handelsname: Zedernholzbrettchen
Snoek GmbH
Tannenweg 153, D-27356 Rotenburg-Mulmshorn
Tel. 042 68 / 400, Fax 042 68 / 13 13

Handelsname:
Schmidt – Kleidermottenschutz – Biobox
Werner Schmidt Pharma GmbH
Grandkaule 18, D-53859 Niederkassel
Tel. 022 08 / 43 84, Fax 022 08 / 40 20
E-Mail: schmidt@werner-schmidt-pharma.de

Weitere Hersteller finden Sie in Garten- und Samenfachgeschäften sowie in Drogerien, Apotheken und Bio-Läden.

24 Ameisenabwehr mit ätherischen Ölen

Handelsname: Ameisen-Stop
Handelsname: Ameisen-Stop flüssig
Aeroxon Insect Control GmbH
Bahnhofstr. 35, D-71332 Waiblingen
Tel. 071 51 / 17 15-5, Fax 071 51 / 17 15-30
Internet: www.aeroxon.de, E-Mail: Info@aeroxon.de

Handelsname: AmeisenÖl
Snoek GmbH
Tannenweg 153, D-27356 Rotenburg-Mulmshorn
Tel. 042 68 / 400, Fax 042 68 / 13 13

25 Wachstumshemmer

Handelsname: Starycide SC (Chitinsynthesehemmer)
Bayer AG
Bayerwerk, D-51373 Leverkusen
Tel. 021 73 / 89 71-28 /-29 /-30

Handelsname: Ovitrol (Hunde-, Katzenflohhalsband)
Novartis Tiergesundheit AG
Postfach 212, CH-4016 Basel
Tel. 061 / 697 44 44
Fax 061 / 697 48 39, Internet: www.novartisah.com

Handelsname: Antifloh
Naturproduktversand J. Semmler
Daimlerstr. 2, D-65321 Heidenrod
Tel. 06 12 24 / 72 01 50, Fax 061 24 / 72 01 50

26 Rattenköder, -box

Handelsname: Sugan Ratten- und Mäuseköderblock
Handelsname: Sugan Perfekt
Handelsname: Rattenköder-Box
W. Neudorff GmbH KG
Postfach 1209, D-31857 Emmertal
Tel. 051 55 / 624-0
Fax 051 55 / 624-0, Internet: www.neudorff.de

Handelsname: Racumin
Bayer AG, Bayerwerk, D-51373 Leverkusen
Tel. 021 73 / 89 71-28 /-29 /-30

Weitere Produkte finden Sie in Gartenfachgeschäften, Drogerien und Landhandelgenossenschaften.

27 Mäuseköder, -box

Handelsname: Sugan Mäusekorn
Handelsname: Mäuseköder-Box
W. Neudorff GmbH KG
Postfach 1209, D-31857 Emmertal
Tel. 051 55 / 624-0
Fax 051 55 / 624-0, Internet: www.neudorff.de

Handelsname: CastrixD
Bayer AG, Bayerwerk, D-51373 Leverkusen
Tel. 021 73 / 89 71-28 /-29 /-30

Weitere Produkte finden Sie in Gartenfachgeschäften, Drogerien und Landhandelgenossenschaften.

28 Holzschutz mit mineralischen und pflanzlichen Bestandteilen

Handelsname: Hasil-Holzschutz
Hasit Trockenmörtel GmbH & CoKG
Landshuterstr. 30, D-85356 Freising
Tel. 081 61 / 602-0

29 Borsalzlösungen zum Holzschutz

Handelsname: Adolit
Remmers Chemie GmbH & Co.
Priggenbusch 13, 49624 Löningen

Handelsname: Aglaia-Borsalzimprägnierung
Beek GmbH und Co. KG
Gottlieb-Daimler-Straße 4, 89150 Laichingen

Handelsname: Aravi-Holzschutz
Livos Pflanzenchemie GmbH & Co. KG
Neustädter Str. 23/25, D-29389 Bodenteich

Handelsname: AURO Borsalz-Holzschutz
Auro Pflanzenchemie GmbH
Alte Frankfurter Str. 211, D-38122 Braunschweig

Handelsname: BIOFA Borax-Holzimprägnierung
Biofa-Naturprodukte W. Hahn GmbH
Dobelstr. 22, D-73087 Bad-Boll

Handelsname: Bio Pin Borsalz Holzschutz
Bio Pin Bienenwachs-Präparate Herstellungs GmbH
Kanalweg 14, D-26389 Wilhelmshafen

Handelsname: Kubasal
Dr. Hartmann & Co. Kulba-Bauchemie
Hardtstr. 16, 91522 Ansbach

12 Was können Sie bei Ungezieferbefall rechtlich tun?

Rechtsanwalt Guido Block-Künzler, Gießen

I. Sie sind Mieter einer Wohnung, die von Ungeziefer befallen ist. Was können Sie vom Vermieter verlangen?

Grundsätzlich muß der Vermieter Ihnen die Wohnung in einem **vertrags- und wohngerechten Zustand überlassen** und während der Mietdauer auch **erhalten** (§ 536 BGB). Erfüllt er diese Verpflichtung nicht, weil die Wohnung von Ungeziefer befallen ist, können Sie

- die Miete mindern;
- Schadensersatz verlangen;
- auf Erfüllung des Mietvertrages klagen;
- fristlos wegen Nichtgewährung des Gebrauchs oder Gesundheitsgefährdung kündigen.

Gebrauchsbeeinträchtigung

Eine von Schaben und ähnlichen Schädlingen befallene Wohnung befindet sich nicht in vertragsgemäßem Zustand, wenn ihr bewiesenes Auftreten den Mietgebrauch **erheblich beeinträchtigt.** Das Auftreten von Ungeziefer ist von deutschen Gerichten in folgenden Fällen als erhebliche Gebrauchsbeeinträchtigung anerkannt worden:

Flöhe (AG Bremen ZMR 1998, 234); **Kakerlaken** (LG Freiburg WuM 1986, 246; LG Berlin GE 1998, 681); **Kaphrakäfer** (AG Aachen WuM 1999, 457); **Katzenflöhe** (AG Bremen ZMR 1998, 234); **Kellerasseln** (OLG Düsseldorf ZMR 1987, S. 263); **Mäuse** (AG Bonn WuM 1996, 113; AG Berlin-Tiergarten WuM 1997, 243; AG Säckingen WuM 1986, 113); **Ratten** (AG Potsdam WuM 1995, 534); **Silberfische** (AG Lüneburg WuM 1998, 570; AG Lahnstein WuM 1988, 55; AG Kiel WuM 1980, 235); **Taubenzecken** (LG Berlin GE 1997, 689).

Nicht erheblich sind nach Auffassung des Amtsgerichts Bonn (WuM 1986, 113) die Fälle gelegentlichen Auftretens einer Hausmaus oder einiger Schaben. Auch der großstädtische Mieter habe dies nämlich als unvermeidliche Begleiterscheinung des Alltags entschädigungslos hinzunehmen.

Mängelanzeige

Ihre Rechte können Sie erst wahrnehmen, wenn Sie dem Vermieter eine **Abhilfemöglichkeit** gegeben haben. Der Vermieter hat keinen Zugriff auf Ihre

Wohnung. Er darf nicht ungebeten eintreten um den Wohnungszustand zu kontrollieren und kann daher auftretende Mängel nicht kennen. Sie müssen ihn unterrichten, damit er Abhilfe schaffen kann (§ 545 BGB) und ihm eine angemessene Mangelbeseitigungsfrist setzen. Die Fristsetzung ist nur dann entbehrlich, wenn er sich endgültig weigert, seiner Pflicht zur Mängelbeseitigung nachzukommen (LG Kiel WuM 1992, 122). Bei verspäteter oder unterlassener Anzeige verlieren Sie die Rechte – ausgenommen des Rechts der fristlosen Kündigung wegen Gesundheitsgefährdung. Unter Umständen machen Sie sich sogar schadensersatzpflichtig, weil Sie Ihrer Obhutspflicht für die Mietwohnung nicht nachgekommen sind.

Mangelbeseitigungsanspruch

Selbstverständlich haben Sie den Anspruch an Ihren Vermieter, daß das Ungeziefer beseitigt wird (§ 536 BGB). Kommt er seiner Pflicht nicht nach, können Sie ihn auf Erfüllung des Mietvertrages verklagen. Sie müssen sich weder mit vorläufigen noch mit gesundheitsschädlichen Bekämpfungsmaßnahmen zufriedengeben.

Mietminderungsanspruch

Sie können auch die Miete mindern, solange der Vermieter ihren Mangelbeseitigungsanspruch nicht erfüllt. Sie müssen die Mietminderung nicht erst ankündigen. Das Recht der Minderung haben Sie sofort, wenn Sie den Mangel dem Vermieter angezeigt haben oder dieser den Mangel kennt. Die Minderung kann mit der nächsten Mietzahlung vorgenommen werden. Die Höhe der Mietminderung richtet sich danach, wie sehr der Wohnwert beeinträchtigt ist. Wenn die Wohnung nicht mehr zu benutzen ist, braucht überhaupt keine Miete mehr gezahlt werden. Sie verlieren Ihr Minderungsrecht jedoch, wenn Sie längere Zeit vorbehaltlos zahlen, obwohl Sie den Mangel kennen (OLG Düsseldorf ZMR 1987, 263).

Folgende Gerichtsentscheidungen können als Anhaltspunkte dienen:

– **AG Bonn** (WuM 1986, 113): Mäuse und Kakerlaken, die nicht nur gelegentlich auftreten, mindern den Wohnwert einer städtischen Wohnung. Daher ist bei länger andauerndem, unterschiedlich starkem Ungezieferbefall eine durchgängige Mietminderung rechtmäßig. Sie wurde im konkreten Fall mit annähernd 10 % der Grundmiete, ausnahmsweise mit doppeltem Betrag im Monat, in dem eine mit besonderen Unannehmlichkeiten verbundene Schädlingsbekämpfungsaktion stattfand, veranschlagt.

– **AG Aachen** (WuM 1999, 457): Führen Ungezieferbefall und fehlerhafte Schädlingsbekämpfung des Vermieters dazu, daß der Aufenthalt in der Wohnung unerträglich wird, ist die Miete bis auf »Null« gemindert. Aufgrund der Beschwerden des Vormieters hatte der Vermieter versucht, den vorhandenen massiven Befall durch Khaprakäfer mit dem hierzu ungeeigneten Mittel »Holzwurmtod Ex« zu bekämpfen. Der Vermieter hatte die Wohnung mit einem 10-Liter-Kanister des Mittels behandelt, obwohl auf der Produktbeschreibung vermerkt war, dieses Mittel solle wegen der Gesundheitsgefahren nicht im Wohnbereich eingesetzt werden.

– **AG Potsdam** (WuM 1995, 534): Ständige Durchfeuchtung der Wohnung und Rattenbefall im Umfeld der Wohnung neben weiteren Mängeln mindern die Miete um 100%, da sie unter diesen Voraussetzungen keinerlei Wohnwert mehr habe.

– **AG Köln** (ZMR 1999, 262): Vereinzelt auftretende »Späherameisen«, welche möglicherweise nur die Vorhut für eine spätere Besiedlung der Wohnung mit anderen Ameisen bilden, begründen keine Mietminderung . Solange die Besiedlung nicht konkret eingetreten ist und zu einem vermehrten Auftreten von Ameisen in der Wohnung führt, ist der vertragsgemäße Gebrauch nicht beeinträchtigt.

– **LG Lüneburg,** (WuM 1998, 570): Das Vorkommen von Silberfischchen in Feuchträumen stellt nicht zwingend einen zur Minderung berechtigenden Mangel dar, weil das zeitweise Auftreten von Ungeziefer nicht immer zu verhindern ist und nicht ersichtlich ist, daß die Belastung hier das übliche Maß überschritten hat.

Schadensersatzanspruch

Sie können Schadensersatz wegen Nichterfüllung des Mietvertrages (§ 538 Abs. 1 Alt. 1 BGB) verlangen, wenn die Wohnung von Anfang an mangelhaft war. Für solche Mängel muß der Vermieter verschuldensunabhängig einstehen. Hat der Mieter den Mangel jedoch schon bei Vertragsabschluß gekannt und schließt dennoch den Vertrag ab, steht ihm dieses Recht nicht zu (§ 539 Abs. 1 Satz 1 BGB). Die verschuldensunabhängige Haftung kann jedoch vertraglich (auch formularvertraglich) ausgeschlossen werden (BGH ZMR 1992, 241). Verschweigt der Vermieter den Mangel jedoch arglistig, muß er dennoch haften, weil diese Vereinbarung dann nichtig ist (§ 540 BGB). Ist dem Mieter der Mangel wegen grobfahrlässiger Unkenntnis nicht bekannt, haftet der Vermieter nur, wenn er ihn arglistig verschwiegen hat. Der Vermieter ist dem Mieter schadensersatzpflichtig, wenn er bei der Mietvertragsanbahnung verschweigt, daß die Wohnung in starkem Ausmaß von Schädlingen befallen ist und seine Schädlingsbekämpfungen erfolglos waren (AG Aachen WuM 1999, 457). Dies stellt eine schwerwiegende

Verletzung des vorvertraglichen Vertrauensverhältnisses dar und bietet die Grundlage für Schadensersatzansprüche. Der Mieter ist dann so zu stellen, wie er stünde, wenn der Vertrag nicht abgeschlossen worden wäre. Ersatzpflichtig können daher Arbeitsstunden als erhebliche Aufwendungen, Ungezieferbeseitgungskosten, eine Maklerprovision bezüglich der neuen Wohnung, Umzugs- und ähnliche Kosten sein. (AG Bremen ZMR 1998, 234).

Kündigungsrecht

Ist Ihre Wohnung durch den Ungezieferbefall im Gebrauch erheblich beeinträchtigt, können Sie wegen Nichtgewährung des Gebrauchs (§ 542 BGB) oder unzumutbarem Mietverhältnis (§ 554 a BGB) fristlos kündigen. Die Kündigung muß bei Wohnraummiete schriftlich erfolgen (§ 564 a BGB). Ist durch den Ungezieferbefall die Benutzung der Wohnung nur mit einer erheblichen **Gefährdung der Gesundheit** möglich, können Sie das Mietverhältnis sowohl nach § 542 BGB wie auch nach § 544 BGB (Fristlose Kündigung wegen Gesundheitsgefährdung) kündigen. Die auf § 544 BGB gestützte Kündigung hat den Vorteil, daß weder eine Abhilfefrist noch eine Mängelanzeige oder eine zutreffende Begründung erforderlich ist. Kündigungsgründe können nachgeschoben werden. Die Abhilfebereitschaft des Vermieters ist nur ausnahmsweise im Rahmen von Treu und Glauben (§ 242 BGB) relevant (LG Lübeck ZMR 1998, 434). Die drohende Schädigung muß erheblich sein. Vorübergehende oder schnell behebbare Gefahren geben keinen Anlaß zur Kündigung. Daher sollte der Mieter in Zweifelsfällen den Mangel dem Vermieter anzeigen. Zudem kann es von Bedeutung sein, ob die Räume ständig oder nur vorübergehend zum Aufenthalt von Menschen bestimmt sind (OLG Düsseldorf ZMR 1987, 263). Keine Räume im Sinne des § 544 BGB sind Kellerräume und Böden (OLG Düsseldorf ZMR 1987, 263). Das Kündigungsrecht muß wegen der gesundheitspolitischen Zielsetzung der Vorschrift nicht sofort ausgeübt werden. Das LG Paderborn ist (WuM 1998, 21) sogar der Auffassung, daß selbst bei langen Verzögerungen eine Verwirkung ausgeschlossen sei.

Ihre Gesundheit muß nicht schon ernsthaft beeinträchtigt worden sein. Es reicht aus, daß Sie die Beeinträchtigung befürchten müssen. Es muß sich allerdings um eine »begründete Gefahrbesorgnis« und nicht um eine »haltlose Befürchtung« handeln (LG Hannover ZMR 1990, 302). Die Gesundheitsgefährdung muß nach objektiven Maßstäben bestehen (LG Berlin GE 1998, 1465). Der Gesundheitszustand des einzelnen Bewohners sowie seine krankheitsbedingten Vorbelastungen sind unbeachtlich. Eine besondere individuelle

Anfälligkeit (Allergiker) muß außer Betracht bleiben (LG Berlin ZMR 1999, 27). Es ist allerdings relevant, ob Sie einem Personenkreis angehören, bei dem die Schwelle zur gesundheitlichen Beeinträchtigung besonders niedrig sein kann (ältere Menschen, Kinder).

In folgenden Fällen hielten die Gerichte bei Auftreten von Ungeziefer die fristlose Kündigung für gerechtfertigt:

– Das **LG Freiburg** hatte 1985 einen Fall zu entscheiden (WuM 1986, 246), in dem die Mieter, die ein 4 Monate altes Kind hatten, noch vor Einzug den Kakerlakenbefall feststellten und rügten. Der Vermieter ließ die Wohnung entwesen. Dennoch war das Gericht der Auffassung, der wichtige Grund für eine fristlose Kündigung (nach § 542 BGB) sei nicht entfallen. Zum einen sei bekannt, daß Kakerlaken, die sich in einem Haus eingenistet haben, nur schwer beizukommen ist. Zum anderen sei es so: welches Insektizid auch verwendet werde, in jedem Falle erfordere es wiederholte Maßnahmen über einen längeren Zeitraum hinweg mit chemischen Mitteln, mit denen Kinder zur Vermeidung von Gesundheitsschäden nicht in Berührung kommen sollten. Das naheliegende Risiko der nicht völligen Vernichtung und die Möglichkeit des Wiederauftretens mit der möglichen Folge einer Gesundheitsgefährdung oder Schädigung des Kleinkindes entweder durch die Kakerlaken selbst oder das verwendete Insektizid brauchten die Mieter nicht hinzunehmen. Einer Fristsetzung zur Abhilfe bedurfte es aufgrund der erforderlichen Langzeitmaßnahmen als Voraussetzung für die wirksame fristlose Kündigung nicht. Ausdrücklich offengelassen hat das Gericht die Zumutbarkeitsfrage in den Fällen, in denen eine Wohnung von Kakerlaken befallen wird und die bereits darin wohnenden Mieter fristlos kündigen wollen.

– **AG Kiel** (WuM 1980, 235): Bei erheblichem Auftreten von Ungeziefer (Silberfische) seien die allgemeinen gesundheitlichen Anforderungen an die Mietsache nicht gegeben, so daß die Wohnungsbenutzung mit einer erheblichen Gefährdung der Gesundheit verbunden sein würde.

Hingegen hat das **AG Kiel** (WuM 1992, 122) in einer späteren Entscheidung die Voraussetzungen des § 544 BGB verneint, weil der Kakerlakenbefall ein in Kürze behebbarer Mangel gewesen sei. Die Kakerlaken befanden sich nur im Badezimmer, wo ihnen als Unterschlupf die Nische unter der eingemauerten Badewanne diente. Durch gegebenenfalls mehrfaches Besprühen sei die abstrakt von Kakerlaken ausgehende Gesundheitsgefahr sofort behebbar gewesen. Das Gericht stellte weiterhin zwar fest, das Auftreten der Kakerlaken sei ein Mangel, der den Mietgebrauch erheblich beeinträchtige. Die Kündigung nach § 542 BGB ließ das Gericht jedoch nicht zu, weil dem Vermieter zuvor keine angemessene Frist zur Behebung des Mangels gesetzt wurde.

Aufwendungsersatzanspruch

Sofern der Vermieter nicht rechtzeitig unterrichtet werden konnte oder es pflichtwidrig unterläßt, ist er für Ihre Aufwendungen für die Erhaltung oder Wiederherstellung der Wohnung durch Ungezieferschutzmaßnahmen ersatzpflichtig (§ 547 Abs. 1 S. 1 BGB).

Beweissicherungsverfahren

Sie müssen in einem späteren Prozeß beweisen können, daß die von Ihnen behaupteten Mängel tatsächlich vorlagen. Wenn Sie selbst Maßnahmen ergreifen, um den Schaden zu beheben oder die verwendeten Schädlingsbekämpfungsmittel nicht mehr nachweisbar sein könnten, wenn der Sachverständige im Prozeß sein Gutachten erstattet, müssen Sie zunächst ein selbständiges Beweissicherungsverfahren (§ 458 ZPO) durchführen lassen. Dies ist ein vorsorgliches Beweisverfahren zur Verhinderung des drohenden Verlustes eines Beweismittels, dessen Kosten Sie vom Vermieter erstattet bekommen, wenn Sie im späteren Prozeß obsiegen. Geht der Vermieter Ihrer Mängelanzeige schuldhaft nicht nach, muß er die Beweissicherungskosten selbst dann zahlen, wenn er im späteren Prozeß gewinnt. Grundsätzlich hat der Mieter die Voraussetzungen einer fristlosen Kündigung (§§ 542, 544 BGB) zu beweisen. Ist die Ursache für das Auftreten des Ungeziefers ungeklärt, geht dies zu Lasten des Vermieters.

II. Ihr Vermieter hat selbst oder durch einen Schädlingsbekämpfer ein gesundheitsschädliches Schädlingsbekämpfungsmittel angewendet – oder will es tun

Gesundheitsgefährdung durch Schädlingsbekämpfungsmittel

Im Unterschied zu den klassischen Bereichen der Umwelthygiene wie Außenluft, Trinkwasser und Lebensmittel mit umfangreichen gesetzlichen Grundlagen und zulässigen Höchstmengen für bestimmte Substanzen zum Schutz der Gesundheit existiert für die Innenraumluft bisher kein Regelwerk zur Begrenzung der Exposition. Maßgebend sind vorerst Orientierungs-, Grenz- und Richtwerte aus verschiedenen Quellen (u. a. des ehemaligen Deutschen Bundesgesundheitsamtes) und medizinische Erkenntnisse. Es besteht derzeit eine erhebliche Rechtsunsicherheit. So reichen bei Formaldehyd die Auffassungen der Gerichte von 0,025 ppm (OLG Nürnberg DWW 1992, 142) bis zu 0,5 ppm (OLG Düsseldorf DWW 1992, 140). Bei der Belastung von verarbeiteten Holzschutzmitteln mit PCB und Lindan haben die Gerichte zum Teil die Verarbeitung dieser Mittel schon als Gefährdung betrachtet. Die Belastung mit PCB ist nach Auffassung des AG Euskirchen (VuR 1988, 341) ein objektiver Umstand, der mit einer erheblichen Gefährdung der Gesundheit vorbunden ist. Das Fehlen von Grenzwerten sei kein Grund, eine mögliche Gesundheitsgefährdung zu verneinen. Das LG Göttingen (Urt. v. 26. 02. 99 – 4 O 34/96 –) hat hingegen die Schadensersatzklage bezüglich eines 1992 gekauften Teppichbodens, der 100–141 mg Permethrin pro kg Wolle enthielt, abgewiesen, da der Hersteller den Entlastungsbeweis geführt habe. Es orientierte sich u. a. an den von der Gemeinschaft Umweltfreundlicher Teppichböden e.V. festgelegten Höchstmenge für die Verteilung des GUT-Signets, wonach die Höchstmenge ab 01. 01. 95 210 mg/kg Wolle betragen darf. Die Verwendung von »Konservat-Blausäureschutz«, der auf Holzbalken aufgebracht wird, soll dagegen nach Auffassung des AG Lindau (VuR 1988, 344) nicht zu einer Gefährdung der Gesundheit der Mieter führen. Das LG Bremen stellte auf die Herstellerangaben ab: Es sei nicht erheblich, ob die tatsächlich vorgefundene Konzentration der Wirkstoffe gesundheitsgefährdend war, denn die noch – trotz Reinigung – nach mehr als einem Jahr erstaunlich hohen Meßwerte indizierten eine solche Gefährdung dann, wenn der Hersteller selbst angebe, bei normaler Dosierung müßten alle Spuren der Wirkstoffe nach etwa zwei Monaten verschwunden sein (LG Bremen WuM 1998, 287).

Bei begründetem Verdacht auf Schadstoffbelastung ist der Vermieter nach Auffassung des AG Frankfurt (33 C 2618/98–27) verpflichtet, die genaue Ursache der mutmaßlichen Schadstoffbelastung festzustellen. Es reiche aus, wenn der Mieter darlege, daß der Verdacht auf Schadstoffbelastung begründet sei. Die genaueren Feststellungen durch Beauftragung von Sachverständigen und die Übernahme der Kosten sei Sache des Vermieters.

Fachgerechte Schädlingsbekämpfung

Der Werkvertag über die Schädlingsbeseitigung ist ein Vertrag mit Schutzwirkung für Dritte, schützt also auch Sie als Mieter vor nicht fachgerechter Ausführung. Der Schädlingsbekämpfer muß die Schädlingsart zu Beginn der Behandlung ermitteln und geeignetenfalls die Wohnung auch ohne Insektizideinsatz vom Schädling freimachen. So hat das Landgericht Bremen (WuM 1998, 286) festgestellt, die Schädlingsbekämpfer hätten ihre Pflichten dadurch fahrlässig verletzt, daß sie überhaupt eine Insektizidbehandlung vornahmen. In die streitgegenständliche Wohnung waren Getreidemotten aus Tierfutterprodukten eingeschleppt worden. Das Gericht folgte dem Sachverständigen, der ausführte, daß bei der vorgefundenen Getreidemotte zunächst alle zugänglichen Lebensmittel zu entfernen waren und danach eine Grundreinigung mit konservativen Mitteln durchzuführen war. Dies hätte den Motten die Lebensgrundlage entzogen und reiche häufig bereits aus. Das Gericht schloß sich weiterhin der Auffassung des Sachverständigen an, daß die Insektizidbehandlung mit zu hohen Dosen durchgeführt wurde, da selbst ein Jahr später im Hausstaub immer noch erhebliche Werte für die Wirkstoffe Cypermethrin und Piperonylbutoxid festzustellen waren, während der Hersteller angab, daß bei normaler Dosierung alle Spuren der Wirkstoffe nach etwa zwei Monaten verschwunden seien. Im übrigen sei eine Benetzung von Textilien, Stoffen, Teppichen und Lebensmitteln zu vermeiden.

Kündigungsrecht

Auch die unsachgemäße Schädlingsbekämpfung berechtigt Sie zur fristlosen Kündigung, wenn danach die Benutzung der Wohnung nur mit einer erheblichen Gefährdung der Gesundheit möglich ist.

Schadensersatz

Läßt Ihr Vermieter in der Wohnung Kakerlaken mit einem zur Verwendung in Wohnräumen ungeeigneten Gift bekämpfen, steht Ihnen wegen der daraus erwachsenen Gesundheitsschäden ein Schmerzensgeld zu (AG Köln WuM 1999, 339). Führt ein fehlerhafter Einsatz von Insektiziden durch den beauftragten Schädlingsbekämpfer zu einem Schaden des Mieters, hat der Vermieter den Schaden zu ersetzen. Der Schaden kann darin bestehen, daß er als Mieter der Wohnung Mietzins für eine unbewohnbare Wohnung zu leisten hat und Sachbeschädigung durch Insektizide an seinen Gegenständen erfährt. Er kann Ersatz der kontaminierten und damit vernichteten Möbelstücke (wegen des Gebrauchscharakters ist ein Abzug gegenüber dem Neuwert vorzunehmen), für kontaminierte Bücher, Teppiche etc. fordern (LG Bremen, WuM 1998, 286).

Schmerzensgeld

Hinsichtlich der Festsetzung von Schmerzensgeld orientieren sich die Gerichte an bestehenden Tabellen und bringen nicht immer das Verständnis für die Besonderheiten von Vergiftungen durch Schadstoffe im Innenraum auf. So hat das Amtsgericht Köln den Vermieter zur Zahlung von Schmerzensgeld in Höhe von lediglich DM 1.000 verurteilt, weil der Hausmeister 9 mal das Kakerlakenbekämpfungsmittel Blattanex EC in der Wohnung des Mieters ausgebracht hatte. Dieser hatte daraufhin fast ein Jahr lang unter Übelkeit, Atembeschwerden und Herzbeklemmungen zu leiden, die Tage bis Wochen andauerten (AG Köln WuM 1999, 339). Das Gericht verglich die Beschwerden mit einer Gehirnerschütterung und berücksichtigte erhöhend, daß die Beklagten den größten Teil des Jahres davon betroffen waren und daß sie einige Zeit im unklaren über die Ursache ihrer Beschwerden waren und erst zufällig durch Nachbarn, die vergleichbare Symptome aufwiesen, auf die Kausalität verwiesen wurden. Das Gericht berücksichtigte weiter die Ungewißheit der Beklagten hinsichtlich möglicher weiterer Schäden, da es sich um ein Mittel handelte, das in Wohnräumen gar nicht verwendet werden darf. Dies impliziere bereits, daß es sich um ein Mittel mit unangenehmen und schädlichen Begleitfolgen für Menschen handeln müsse.

Akürzungen
AG = Amtsgericht / BGB = Bürgerliches Gesetzbuch / LG = Landgericht / NJW-RR = Neue Juristische Wochenschrift–Rechtssprechungsreport / OLG = Oberlandesgericht / WuM = Wohnungswirtschaft und Mietrecht (Zeitschrift) / ZMR = Zeitschrift für Miet-und Raumrecht

III. Sie sind Vermieter einer Wohnung, die vom Ungeziefer befallen ist

Grundsätzlich müssen Sie für die Entfernung des Ungeziefers sorgen. Hat jedoch der Mieter den Befall verursacht, muß er Abhilfe schaffen. Das Einschleppen von Ungeziefer kann Sie in besonders schweren Fällen zur fristlosen Kündigung berechtigen (§ 553 BGB). Das Kündigungsrecht wegen Gesundheitsgefährdung (§ 544 BGB) steht jedoch nur dem Mieter zu.

Der Mieter ist grundsätzlich zur **Duldung der zur Mängelbeseitigung** erforderlichen Maßnahmen verpflichtet (§ 541a BGB). Verstößt er gegen diese Verpflichtung, Einwirkungen auf die Mietsache zu dulden, die zu deren Erhaltung notwendig sind, ist der Vermieter jedoch nicht ohne Hinzutreten weiterer – belastender – Umstände zur fristlosen Kündigung berechtigt (LG Schwerin WuM 1996, 767). Die Art und Weise der Mängelbeseitigung hat der Mieter grundsätzlich dem zur Erhaltung der Mietsache verpflichteten Vermieter zu überlassen. Führt jedoch ein fehlerhafter Einsatz von Insektiziden zu einem Schaden beim Mieter, hat der Vermieter dafür einzustehen (LG Bremen WuM 1998, 286). Sie sind für die fachgerechte Ausführung verantwortlich, auch wenn Sie einen professionellen Schädlingsbekämpfer beauftragt haben. Sofern dieser nicht fachgerecht arbeitet, haben

Sie jedoch Mängelbeseitigungs- und Schadensersatzansprüche gegen ihn.

Der Mieter hingegen muß Ihnen im Rahmen seiner **Obhutspflicht** für das Mietobjekt den Ungezieferbefall unverzüglich anzeigen, andernfalls kann er sich schadensersatzpflichtig machen (§ 545 Absatz 2 BGB).

Formularklauseln

Fomularklauseln im Mietvertrag, wonach der Mieter die Räume auf eigene Kosten von Ungeziefer freizuhalten hat, es sei den, er beweist, daß der Befall nicht von ihm oder den zu seinem Haushalt gehörenden Personen sowie Untermietern, Besuchern, Lieferanten, Handwerkern usw. verursacht worden ist, sind unwirksam. Dies gilt auch für die entsprechende Haftungsregelung (OLG Frankfurt/M. WuM 1992 S. 61). Nach § 536 BGB trägt der Vermieter die Beweislast dafür, daß sich die Mietsache bei Überlassung in einem vertragsgemäßen Zustand befunden hat.

IV. Sie wollen gegen Ihren Nachbarn vorgehen, von dessen Grund Ungeziefer auf Ihr Grundstück eindringt

Begünstigt der Eigentümer des beeinträchtigenden Grundstücks durch die besondere Art der Nutzung das Eindringen von Ungeziefer auf das Nachbargrundstück, hat eine Nachbarklage wegen Ungeziefer (§§ 906 Abs. 1, 1004 BGB) Erfolg. So hat das OLG Köln (OLGZ 92, 121) entschieden, daß das Eindringen von Langwanzen in das Nachbargrundstück eine »ähnliche Einwirkung« im Sinne von § 906 Abs. 1 BGB darstellt, hinsichtlich der ein Beseitigungsanspruch bestehen kann. Brutstätte der Langwanzen waren Birken auf dem Grundstück der Beklagten. Da diese nicht wild gewachsen sondern vom Beklagten angepflanzt wurden, sei die Beeinträchtigung nicht ausschließlich auf das Wirken von Naturkräften sondern jedenfalls mittelbar auch auf den Willen des Beklagten zurückzuführen. Das Gericht hielt die Beeinträchtigung auch für wesentlich, da die Langwanzen nicht nur in der Wärmedämmung der Häuser der Klägerin überwinterten, sondern in die Häuser eindrangen und dort in erheblichem Maß deren Bewohner belästigten. Die Möglichkeit eines Beseitigungsanspruches ist auch bei Bienen (RGZ 141, 406; BGHZ 16, 366; OLG Köln, RdL 1968, 46; LG Kiel MDR 1966, 412; OLG Hamm ZMR 1989, 420; OLG Bamberg NJW-RR 1992, 406) und Fliegen (RGZ 160, 381; LG Stuttgart, RdL 1967, 49) anerkannt. Das Eindringen von Mäusen und Ratten kann dem Nachbarn nur dann zugerechnet werden, wenn das Grundstück in einer Weise genutzt wird, mit der regelmäßig eine besondere Mäuse- und Rattenplage verbunden ist (z.B. Getreidelager).

V. Sie werden selbst im Urlaub noch von Schädlingen und Lästlingen verfolgt

Selbst auf Gran Canaria ist es nicht landesüblich, daß die Ferienunterkunft von Kakerlaken befallen ist, stellte das LG Frankfurt (NJW-RR 1988, S. 245) fest. Auch andere Gerichte haben durch die Reisefreudigkeit der Mitteleuropäer eine vertiefte Sachkunde der Fauna des Südens erlangt. Danach darf der Grundsatz gelten, daß – wie auch im Mietrecht – gehäuftes Auftreten von Schädlingen und Lästlingen zur Minderung führt, da eine mangelhafte Leistung (die zur Kündigung des Reisevertrages gemäß § 651e BGB oder zur Minderung des Reisepreises nach §§ 651c I, 651 d I, 472 BGB berechtigen würde) durch den Veranstalter beziehungsweise das gebuchte Hotel erbracht wurde (LG Frankfurt NJW-RR 1989, 310 – Kakerlaken am Schwarzen Meer; OLG Düsseldorf NJW-RR 1992, 245 – Raupenplage auf den Malediven). Folgerichtig führte der einsame Skorpion am Lago di Ligano nicht zur gewünschten Minderung. Das Landgericht Frankfurt entschied: »Die Belästigung durch vereinzelt auftretende Insekten liegt jedoch im Rahmen dessen, was ein durchschnittlicher Reisender im Rahmen des allgemeinen Lebensrisikos erwarten muß. Dies gilt grundsätzlich auch für das Auftreten eines einzelnen Skorpions.« (NJW-RR 1993, S. 1149). Auch das Erscheinen eines großen Gecko in einem Hotelzimmer auf Hawai, selbst das nachfolgende Auftreten von drei Geckos und einer Kakerlake im Ersatzzimmer, haben das Frankfurter Landgericht nicht beeindruckt. Geckos machen keinen Mangel aus: »Die Geckos gehören als Kriechtiere zur Familie der Haftechsen und stellen sich als vollkommen unschädliche harmlose Schuppenechsen dar ... Brehm bezeichnet sie als ›Haustiere im vollsten Sinne des Wortes, treuer noch als Mäuse und jedenfalls nützlicher‹ (Brehms Tierleben, S. 189). Sie werden teilweise sogar in Wohnungen geduldet, da sie anderes Ungeziefer aufspüren und verzehren (Tierlexikon, Ullstein-Verlag, 1967, Stichwort ›Gecko‹)« (LG Frankfurt, NJW-RR 1992, S. 630). Der Schadens ersatz für den nachfolgenden Auszug aus dem Hotel wurde vom Landgericht Frankfurt hartherzig abgewiesen, zumal immer unklarer wurde, ob es sich bei dem Insekt wirklich um eine Kakerlake handelte (Wenn Sie also beweissicher vorgehen wollen, müssen Sie die Leiche überführen!): »Dieses nach wie vor undefinierbare Insekt scheidet aber schon deshalb als Grund für den Auszug des Klägers aus dem Hotel aus, da es der Kläger nach seinem eigenen Vorbringen mit dem Turnschuh seiner Ehefrau erschlagen hat.« Wehe dem, der mutig dem Feind ins Auge blickend zur Selbsthilfe schreitet. »Unter diesen Umständen bedarf es auch keiner Stellungnahme zu der Frage, ob in dem Vorbringen der Beklagten, einer der Geckos habe die Kakerlake gefressen, eine wirksame Abhilfe durch ein Tier zu sehen ist, das – zumindest analog der Lehre der Zweckerreichung – dem Reiseveranstalter zugute kommt.« Ein zweckloser Tod für die Rechtsfortbildung. Welch ein Jammer!

Die Gesetzgebung in Österreich und in der Schweiz ist vergleichbar mit jener in Deutschland, auch die Rechtssprechnung differiert nicht grundsätzlich.
Trotzdem lohnt es sich, genaue Informationen einzuholen. Oft helfen die öffentlichen (meist kostenlosen) Rechtsauskunftsstellen der größeren Kommunen weiter. Auch Gewerkschaften und Verbände bieten Rechtsauskünfte an (für Mitglieder oft kostenlos). Am sachkundigsten sind natürlich Mieter- und Vermieterverbände (bzw. Hauseigentümerverbände), mit ihren regionalen Ablegern:

Deutschland

Deutscher Mieterbund
Aachener Straße 313
50931 Köln
Tel. 0221 / 940 77-0
Fax 0221 / 940 77-22
E-Mail: info@mieterbund.de

So erreichen sie den örtlichen Mietverein:
Zentrale Rufnummer
01 805 / 835 835

Vermieterverein e.V. Deutschland
Wolfratshausener Straße 80
81379 München
Tel.-Zentrale 089 / 74 29 99 03 / 05 / 07
E-Mail: info@vermieterverein.com

Österreich

Mieterschutzverband Österreich
Zentrale
Reichratsstraße 15
1010 Wien
Tel. 01 / 401 85
Fax 01 / 401 85 / 33

Schweiz

Schweizerischer
Mieterinnen- und Mieterverband
(Deutschschweiz)
Brauerstr. 75
8004 Zürich
Tel. 01 / 291 09 37
Fax 01 / 291 09 68
E-Mail: mieterverband@bluewin.ch
Hotline (kurze Rechtsauskünfte)
Tel. 0900 900 800 (9.00–15.00 Uhr)

HEV
Schweizerischer
Hauseigentümerverband
Mühlebachstr. 70
Postfach
8032 Zürich
Tel. 01 / 254 90 20
Fax 01 / 254 90 21
E-Mail: info@hev-schweiz.ch

13 Methoden und Wirkstoffe der Schädlingsbekämpfung

von harmlos bis riskant

Die Möglichkeiten der Schädlingsbekämpfung sind vielfältig. Die ungefährlichsten und einfachsten Methoden fordern oft mehr Zeit und Geduld von den Betroffenen als der Einsatz der »chemischen Keule«. Der Einsatz giftiger Langzeitwirkstoffe kostet zwar weniger Zeit, aber manchmal die Gesundheit.

Im folgenden werden die Möglichkeiten genannt und bewertet. Der Einsatz von Pestiziden der Gefahrstoffklasse sollte Fachleuten mit Sachkundenachweis (siehe Kapitel 14 »Schädlingsbekämpfer«) vorbehalten bleiben. Grundsätzliche Kenntnisse über die Wirkstoffe und Anwendungsverfahren können helfen, unterschiedliche Bekämpfungsmaßnahmen zu beurteilen oder in Auftrag zu geben.

Vorbeugung – Die beste Schädlingsbekämpfung ist die, die nicht nötig wird.

Eine Reihe von Maßnahmen lassen Schädlinge oder Lästlinge gar nicht erst zum Ort ihrer Entfaltung kommen. Sie werden einfach **ausgesperrt.**

Fliegengitter halten nicht nur Fliegen, sondern auch Mücken, Wespen, Pelzkäfer, Kleidermotten, teilweise Vorratsmotten (die meisten werden durch Lebensmittel eingeschleppt) zurück. Wird besonders feinmaschige Gaze angebracht, können auch andere Gliedertiere wie Kabinettkäfer und Brotkäfer draußen gehalten werden.

Verschlossenes Aufbewahren von Lebensmitteln in Schraubdeckelgläsern, dichten Plastikdosen etc. läßt Vorratsschädlinge nicht an die gefährdeten Nahrungsmittel oder, wenn sie schon drin sind, nicht an benachbarte Lebensmittel.

Wollkleidung und Wolldecken werden nicht befallen, wenn sie häufig benutzt oder in Plastiktüten, Papier oder Leinen verpackt werden.

Mögliche **Schlupfwinkel** wie Dielenritzen, Rohrdurchbrüche und defektes Mauerwerk sollten verschlossen werden, um Ansiedlungen zu verhindern. Dem Küchenbereich sollte die größte Aufmerksamkeit geschenkt werden, insbesondere stellen Einbauküchen, Kartons und gesammeltes Recyclingmaterial ideale Schlupfwinkel dar.

Hygiene- und Abfallmanagement spielen eine zentrale Rolle sowohl bei der Vorbeugung als auch bei der Schädlingsbekämpfung.

Das Klima im Haus, d. h. Temperatur und Luftfeuchtigkeit kann eine entscheidende Bedeutung für das Auftreten von »Ungeziefer« haben.

Manche Lästlinge oder Schädlinge können nur bei relativ hohen **Luftfeuchtigkeiten** überleben.

Oft schon kann die Absenkung der Luftfeuchtigkeit durch Heizen und regelmäßiges Querlüften das Problem beseitigen (Staubläuse in Neubauten) oder zumindest verringern (Hausstaubmilben).

Mechanische Beseitigung, Staubsaugen, Auslüften in der Sonne!, Ausklopfen und **Waschen, Dampfreinigen oder Shampoonieren** sind oft wirksamer, als vielfach angenommen wird.

Viele einfache Maßnahmen gehören zum täglichen Leben. Der Staubsauger leistet gute Dienste bei der Schädlingsbeseitigung. Um nicht jedesmal nach dem Absaugen von Flohlarven, Käfern etc. den Staubsaugerbeutel wechseln zu müssen, kommen verschiedene Maßnahmen in Betracht:

- Im Topf können Beutel im Backofen auf 60–80 °C für 30 Minuten erhitzt werden.
- Oder sie werden in einer Tüte eingefroren.
- Oder es wird am Schluß Diatomeenerde oder wenig Borsäure (Apotheke) angesaugt.

Kälte und/oder Wärme sind hervorragend geeignet, um relativ kleine, befallene Gegenstände zu behandeln, sofern sie in einen Backofen, Wäschetrockner oder in eine Kühltruhe passen.

Bei größeren Teilen wird es schon schwieriger, jemanden zu finden, der z. B. befallene Möbel oder Matratzen in seine Sauna läßt. Manchmal muß man auch lange warten, bis im Winter strenge **Fröste** eintreten, so daß Teile ins Freie unter ein Dach gestellt werden können oder ein Haus (frostsicher) durchfrieren kann.

Um wertvolle Möbel von Holzschädlingen zu befreien, bieten Unternehmen Klimakammererhitzung mit Steuerung der Luftfeuchtigkeit an, damit die Teile

»nicht aus dem Leim gehen« oder reißen. Mit Holzschädlingen befallene Dachstühle können ungiftig saniert werden, indem Spezialfirmen **Heißluft in den Dachstuhl** blasen, bis die Balken im Kern auf 55 °C erhitzt sind. Falls in Ihrer Nähe mit Heißluft saniert wird, können auch befallene Holzteile (ohne Leim und Farbe) hinzugestellt werden. Eine Anfrage bei den Firmen (Gelbe Seiten, Alternatives Branchenbuch) kann sich möglicherweise lohnen. Ähnlich kann ein **Fön** eingesetzt werden, um Spalten und Ritzen in Schränken von Eiern und winzigen Larven zu befreien. Ein **Dampfbügeleisen** mit einem untergelegten Tuch hilft bei Larven in Teppichböden und ist ebenfalls hilfreich beispielsweise bei Flohlarven.

Unwirksam sind solche physikalische Geräte, die Piepstöne (Mücken-Pieper), Ultraschall oder elektromagnetische Felder erzeugen und z.B. Mücken, Ratten und Mäuse fernhalten sollen. UV-Lampen locken nicht nur die lästigen Mücken an und töten sie durch Strom im umgebenden Gitter, sondern wahllos andere Insekten, besonders Nachtfalter. Aus Gründen des Artenschutzes ist die Anwendung daher nur in geschlossenen Räumen erlaubt.

Ätherische Öle haben sowohl **repellierende** (**abschreckend**) als auch **insektizide Wirkung** und sind biologisch schnell abbaubar.

Ätherische Öle als Abschreckung sind seit der Antike bekannt: Anisöl, Bergamotteöl, Birkenholzteer, Kampfer, Citronellöl, Eukalyptusöl, Geranienöl, Kiefernöle,

Kokosnußöl, Lavendelöl, Nelkenöl, Orangenblütenöl, Pfefferminzöl, Thymianöl, Zimtöl.

Die **Biologische Bundesanstalt für Land- und Forstwirtschaft** (**BBA**) in Berlin testete verschiedene Ätherische Öle. Während Patschouli-Granulat gegen Speckkäfer nicht ausreichend wirkte, konnten gute Ergebnisse durch Nelkenöl und Citral sowie mit Lavendelöl gegen Kleidermotten erzielt werden. Von den Hauptbestandteilen der ätherischen Öle verschiedener ostafrikanischer Ocimum-Pfanzenarten wirkten Eugenol, Kampfer und 1,8 Cineol stark giftig und vergrämend auf verschiedene vorratsschädliche Käferarten. Die Wirkung der ätherischen Öle wird durch ihre maximal mögliche Gebrauchskonzentration begrenzt, da auch negative Auswirkungen auf den Menschen, wie Kopfschmerzen durch Nelkenöl, auftreten.

Die BBA testet u. a. auch den Einsatz von natürlichen Gegenspielern (Parasiten), beispielsweise Schlupfwespen, gegen vorratsschädliche Motten im Einzelhandel mit erfolgversprechenden Ergebnissen. Auch für den Privathaushalt stehen inzwischen Eiparasitoide der Gattung *Trichogramma* zur Verfügung.

Shampoos und Cremes mit Neem-Extrakten gegen Parasiten am Menschen werden zur Zeit erprobt. Als Begleitmaßnahme gegen Ektoparasiten wie Flöhe bei Haustieren sind Neem-Öle oder Neem-Puder gut geeignet. Der in den Neem-Samen enthaltene Wirkstoff Azadirachtin zerfällt unter Lichteinwirkung innerhalb von 1 bis 2 Wochen.

Neem-Extrakte oder Neem-Öle (engl.: Neem*)* werden aus Pflanzenteilen, besonders den Samen eines tropischen Baumes, gewonnen. Es sind Wirkstoffe enthalten, die eine Fraßhemmung auslösen und ein Absterben nach wenigen Tagen bewirken.

Mechanisches Wegfangen mit **Leimfallen und -streifen** mit **Lockduftstoffen** oder Sexuallockstoffen *(Pheromone)* zeigen oft nur einen Befall *(Monitoring)* oder die Befallsherde in größeren Lagerräumen an. Sie wurden zu diesem Zweck entwickelt und stellen keine ausreichend wirksame Bekämpfung sicher.

Besondere Vorsicht ist geboten bei Fallen, die im Freien lebende, heimische Artgenossen anlocken können (Kleidermotten, Mehlmotten u. a.). Es müssen die Fenster über einen sehr langen Zeitraum geschlossen bleiben, oder ein Fliegengitter muß den Zuflug verhindern.

Das Auslegen von Fraßködern, in denen **Borax** oder **Borsäure** zu 50 Gewichtsprozenten enthalten ist, ergänzt hartnäckige Ungezieferprobleme im Vorratsschutz.

Borsäure kann auch an unzulänglichen Stellen (unter Einbauküchen, unter Schränken) hauchzart verstäubt werden.

Die Schädlinge laufen oder kriechen darüber und nehmen sie mit der Nahrung oder beim »Sich-Putzen« auf. Borsäure wurde vom ehemaligen Bundesgesundheitsamt in Berlin gegen Schaben geprüft und anerkannt.

Auch bei Borsäure, wie bei allen Mitteln, empfiehlt

sich kinder- und haustiersicheres Auslegen und Aufbewahren.

An trockenen Stellen ohne Luftzug kann anstatt Borsäure auch **Diatomeenerde, Silikagel** oder **Kieselgur** verwendet werden.

Sie greifen den schützenden Fettfilm der Insekten an und lassen sie austrocknen.

Ein weiterer Naturstoff, das **Pyrethrum,** aus Chrysanthemen gewonnen, ist ein wirksames Kontaktnervengift, das innerhalb von 2 Tagen zerfällt.

Betäubte Tiere erholen sich wieder und sollten daher gleich beseitigt werden. In Schlupfwinkeln werden nicht alle Tiere erreicht, ein Teil wird ausgetrieben und verteilt sich unkontrolliert in andere Wohnungsbereiche. Dies kann bei einem Schabenbefall mehr schaden als nützen. Häufig wird die Wirkung des Pyrethrums verstärkt und die Stabilität verlängert durch Wirkungsverstärker (Synergisten) wie Piperonylbutoxid. Diese Substanz steht aber im Verdacht, krebserregend zu sein.

Die Verwendung des Pyrethrums erfordert bereits einen **Sachkundenachweis** (14 **Schädlingsbekämpfer**) im Falle einer gewerblichen Schädlingsbekämpfung. Daher muß auch hier vor einer mißbräuchlichen Anwendung gewarnt werden. Pyrethrum ist in der Gefahrstoffliste als sensibilisierend eingestuft, das heißt, es kann Allergien hervorrufen.

Innenräume sind mit Schadstoffen stärker belastet als die Außenluft. Jeder zusätzlich eingetragenen, Schadstoff kann im Zusammenhang und in Wechselwirkung mit den vorhandenen Schadstoffen die **Schwelle der Gesundheitsgefährdung** für jeden einzelnen Schadstoff herabsetzen. Da in Innenräumen kaum ein lichtbedingter Abbau von Pestiziden erfolgt, treten hier viel höhere Langzeitbelastungen auf als bei vergleichbarer Anwendung im Freien.

Die Erkrankung **MCS** (Multiple Chemikalienunverträglichkeit), nur eine der möglichen Folgeschäden, kann auch durch Pestizide ausgelöst werden und ein beschwerdefreies Leben fast unmöglich machen. Vor diesem Hintergrund erscheint die Einführung einer Zulassungspflicht für Haushaltsinsektizide längst überfällig.

Während es für Arzneimittel oder den Einsatz von Schädlingsbekämpfungsmitteln zum Zwecke des Pflanzenschutzes gesetzliche Regelungen und Zulassungsverfahren gibt, dürfen Mittel zur Schädlingsbekämpfung in dem sensiblen Bereich der Innenräume ohne Prüfung auf gesundheitsgefährdende Eigenschaften eingesetzt werden. Schädlingsbekämpfungsmittel sind ohne gesetzliche Zulassung im Handel frei erhältlich und werden häufig ohne Beratung verkauft und in Innenräumen eingesetzt.

Bei Wohnraumuntersuchungen stellen Baubiologen immer wieder Rückstände vergangener Schädlingsbekämpfungsmaßnahmen fest. In vielen Fällen lassen sich Zusammenhänge mit dem Einsatz dieser Mittel und den gesundheitlichen Beschwerden herleiten. Viele Verbraucher vertrauen auf die Harmlosigkeit dieser Mittel, da sie ja frei verkäuflich sind.

Dies ist um so bedenklicher, da diese Mittel mit gesundheitsgefährdendem Potential in 95% der Fälle gegen harmlose Insekten ohne potentielle Gesundheitsgefährdung, wie Ameisen, Fliegen oder Mücken, eingesetzt werden. Manche Schädlingsbekämpfungsmittel überdauern bis zu 30 Jahre.

Spätestens die folgenden beschriebenen Wirkstoffe gehören nicht oder nur in spezieller Formulierung, wie **Mikroverkapselung** oder als **Fraßgifte in Dosen,** in die Innenräume. Je zielgerichteter und begrenzter ein Wirkstoff eingesetzt werden kann, um so geringer sind die Gefahren für Mensch und Umwelt. Pestizide sollten auf **Herdbehandlung** und **Schlupfwinkelbekämpfung** beschränkt bleiben. Eine sorgfältige Prüfung auf alternative Möglichkeiten sollte vorangehen. Einem konsequenten Hygiene- und Abfallmanagement kommt eine entscheidende Schlüsselrolle zu. In der integrierten Schädlingsbekämpfung sind aus gesundheitlichen Gründen und auch aufgrund von Resistenzausbildungen der Schädlinge die Pestizidmengen auf ein Minimum zu reduzieren.

Dem Pyrethrum chemisch nachgebaut sind die sogenannten **Pyrethroide.** Je nach chemischer Struktur wird unterschieden in **Kurzzeitpyrethroide,** die nur wenig stabiler und giftiger als Naturpyrethrum sind, und in **Langzeitpyrethroide,** die Monate oder bis Jahre nach der Anwendung im Hausstaub nachgewiesen werden können und sehr viel giftiger als Pyrethrum sind. Das stärkste Pyrethroid ist Deltamethrin mit einer 1000fach stärkeren Wirkung als Pyrethrum. Bei den Landzeitpyrethroiden muß nach einer Anwendung eine Beseitigung des Stoffes (**Dekontamination**) von den Oberflächen erfolgen, die jedoch – auch fachgerecht ausgeführt – nur unvollkommen gelingt.

Gängige Pyrethroide mit Kurzzeitwirkung sind: **Allethrin, Bifenthrin, Bioallethrin, Bioresmethrin, Resmethrin, Phenothrin.**

Pyrethroide mit Langzeitwirkung sind:
Cyfluthrin, Cyhalothrin, Cypermethrin, Deltamethrin, Etofenprox, Empenthrin, Fenpropathrin, Fenvalerat, Fenfluthrin, Flucythrinat, Flunvalinat, Permethrin, Tefluthrin, Tetramethrin, Tralomethrin.

Längst nicht mehr sind Lindan und Pentachlorphenol (PCP) aus Holzschutzmitteln in erster Linie im Hausstaub wiederzufinden. Abgelöst wurden diese Wirkstoffe durch Pyrethoide wie Permethrin, daß als Mottenschutz in Textilien und als Insektizid in Holzschutz- und Schädlingsbekämpfungsmitteln verwendet wird.

Eine Gefährdung besteht auch durch die Pyrethroide.

Nach Expertenmeinung leiden zur Zeit in Deutschland über 1000 in ärztlicher Behandlung stehende und betroffene Patienten an Vergiftungssymptomen. Akute Vergiftungen können sich äußern durch: Zittern, Krämpfe, Mißempfindungen in Gesicht, Händen und Beinen, Hautreizungen mit und ohne Entzündungen, Schleimhautreizungen, Atembeschwerden mit Husten, Luftnot und teilweise asthmatischer Reaktion.

Weiterhin wird das Immunsystem durch Pyrethroide geschwächt. Dies kann sich äußern in wechselnden Schmerzen, häufigen Infekten, Schmerzen im Augenbereich und Schwellung der Augenlider, Veränderung und Trockenheit der Schleimhaut, Akne sowie dem Auftreten von Pilzinfektionen und Haarausfall. Insgesamt häufen sich Befunde, wonach Kombinationswirkungen und die hohe Reaktivität der Pyrethroide zu bleibenden Gesundheitsschäden führen können.

Weitere Pestizide gehören folgenden Gruppen an:

Chlorkohlenwasserstoffe sind Atmungs- und Nervengifte und schwächen das Immunsystem. Sie reichern sich im Fettgewebe an und sind sehr langlebig. Hierzu gehören: **DDT, Aldrin, Dieldrin, Chlordan, Lindan** u. a.

Von den Chlorkohlenwasserstoffen ist in der BRD nur noch Lindan mit Einschränkungen zugelassen. Eine akute Vergiftung mit Lindan oder anderen Chlorkohlenwasserstoffen kann als Kopfschmerzen, Benommenheit, Schwindel, Unruhe, Angst, Krämpfe, Übelkeit, Zittern, Erbrechen, Durchfälle, Harndrang, beschleunigtem Puls, Schreckhaftigkeit, Muskelzuckungen, Schweißausbruch und Schädigung des Knochenmarks in Erscheinung treten. Die lebensgefährliche Dosis für den Menschen kann bereits bei 10–20 Milligramm pro Kilogramm Körpergewicht liegen, wobei Kinder besonders empfindlich sind. Der Tod tritt meist durch Atemlähmung oder durch Kreislaufkollaps ein. Weit schwieriger zu erfassen sind die chronischen Vergiftungswirkungen wie Sensibilisierungen, Überempfindlichkeit, Kopfschmerzen, Übelkeit, Konjuntivitis, Urtikaria, Bauchschmerzen, Durchfälle, schwankender Gang und Kollaps.

Organophosphate (organische Phosphorsäureester) besitzen eine hohe akute Toxizität (Giftigkeit), die sich in Blockierung von Enzymen der Übertragung von Nervenimpulsen äußert (Cholinesterase). Dauererregungen der Reizleitung, Krämpfe und Tod sind die Folgen je nach Dosis. Sie werden als Kontakt-, Fraß- und/oder Atemgifte verwendet. Für Warmblütler wirken sie bereits in relativ geringer Dosierung giftig. In der Regel sind sie leicht biologisch abbaubar. Seit den dreißiger Jahren wurden viele verschiedene Wirkstoffe hergestellt.

Hierzu gehören: **Parathion (E 605), Bromophos, Malathion, Trichlorphon, Dichlorphos** u. a.

Zu den akuten Vergiftungssymptomen gehören Schweißausbrüche, Blässe, Zyanose (Blausucht), Tachykardie (Herzrythmusstörungen und Anstieg der Herzfrequenz), Hypertonie, psychische Störungen, Angst, Übelkeit, vermehrte Schleimbildung, Atemstörungen, Krämpfe, Durchfall, spontaner Urin- und Stuhlabgang, Bradykardie (niedrige Herzfrequenz), Hypotonie, Atemdepression, Lungenödem, Atem- und Herzstillstand. Eine chronische Vergiftung kann symptomlos verlaufen und ist unter Umständen nur durch die Bestimmung der Cholinesterase nachweisbar. Eine Kumulation im Körper ist möglich, bis hinreichende Senkung der Esteraseaktivität Symptome einer akuten Vergiftung auslöst. Neurologische Spätfolgen wie jahrelange Lähmungen der Arme und Beine, Psychosen, Depressionen, Gedächtnis- und Konzentrationsstörungen und Allergien sind möglich.

Carbamate wirken ähnlich wie Organophosphate.

Akute und chronische Vergiftungen verlaufen ähnlich, jedoch glimpflicher als Phosphorsäureester, da die Wirkung zwar schneller eintritt, aber kürzer andauert. Sie sind ebenfalls gut abbaubar.

Hierzu gehören: **Carbaryl, Bediocarb, Carbofuran, Propoxur** u. a.

Weiterhin werden und wurden **anorganische Insektizide** eingesetzt.

Hierzu gehören: **Arsen**verbindungen (nicht mehr zugelassen in der BRD), **Kryolith, Fluorosilikate, Natriumsilikate, Cyanwasserstoff, Phosphorwasserstoff, Sulfurylfluorid.**

Spezifischere und unschädlichere Pestizide, ideal im Sinne der integrierten Schädlingsbekämpfung, sind spezifisch auf den Insektenstoffwechsel abgestimmte **Wachstumsregler,** die entweder die Häutung der Larven und den Chitinpanzeraufbau verhindern oder die Entwicklung zur Geschlechtsreife unterbinden.

Die bekanntesten unter ihnen sind: **Methopren, Triflumuron** (Acylharnstoff), **Fenoxycarb,** aber auch **Azadirachtin** (Wirkstoff aus Niemsamen).

Antikoagulantien sind blutgerinnungshemmende Substanzen, die u. a. zur Bekämpfung von Nagetieren angewandt werden. Bei regelmäßiger Aufnahme kleinster Dosen rufen sie bei Nagetieren durch Hemmung der Blutgerinnung eine stark erhöhte Neigung zu Blutungen hervor. Einige Wirkstoffe dieser Gruppe, die Cumarinderivate (Abkömmlinge des Waldmeister-Duftstoffs), schädigen zusätzlich die Blutgefäße. Sie werden als Köderfutter angeboten.

Ein bekanntes Cumarinderivat ist **Warfarin.**

14 Schädlingsbekämpfer

Schädlingsbekämpfer ist kein Lehrberuf. Die Kenntnisse und die Praxis der Bekämpfung werden durch Mitarbeit in den Schädlingsbekämpferbetrieben erworben.

Jeder aktive Schädlingsbekämpfer muß seit November 1995 die notwendige **Sachkunde gemäß Anhang V Nr. 6 Gefahrstoffverordnung** (**GefStoffV**) nachweisen.

Die Berufsgenossenschaft für Gesundheitsdienst und Wohlfahrtspflege (BGW), in der rund 800 Schädlingsbekämpferbetriebe als Mitglieder vertreten sind, stellte bei der Erarbeitung der **Technischen Regeln für Gefahrstoffe (TRGS) 523, »Schädlingsbekämpfung mit sehr giftigen, giftigen und gesundheitsschädlichen Stoffen und Zubereitungen«**, fest, daß keine systematischen Informationen über die Umsetzung von Arbeitschutzvorschriften vorlagen. Der technische Aufsichtsdienst der Berufsgenossenschaft führte 1995 eine Fragebogenaktion in 16% der Betriebe durch und stellte fest, daß zwar der größte Teil der Betriebe sachkundige Fachleute beschäftigt, daß aber die Sachkunde nach Gefahrstoffverordnung in vielen Bereichen nicht vorhanden war. In 10 von 106 Betrieben fehlte ein Sachkundiger völlig. In den meisten Betrieben wurden Hilfskräfte unbeaufsichtigt zur Schädlingsbekämpfung eingesetzt. (BGW-Mitteilungen Nr. 2/96).

Wer sichergehen will, wende sich an eine(n) »**Staatlich geprüfte(n) Schädlingsbekämpfer(in)**«.

Diesen Titel darf führen, wer eine Prüfung bei einer Industrie- und Handelskammer abgelegt hat. Vorbereitende Kurse werden an verschiedenen Fachschulen angeboten, sind aber nicht Voraussetzung, um zur Prüfung zugelassen zu werden.

Zugelassen wird, wer eine dreijährige Berufspraxis als Schädlingsbekämpfer oder eine vergleichbare oder hierzu dienliche Berufsausbildung abgeschlossen hat. Die Schulung zum »Staatlich geprüften Desinfektor« befaßt sich ebenfalls mit dem Thema Schädlingsbekämpfung, allerdings ist hierfür nur ein halber Schulungstag vorgesehen.

Fortbildungskurse werden den Mitgliedern des **Deutschen Schädlingsbekämpferverbands e. V.** (DSV) empfohlen, sind aber nicht Voraussetzung. Aufgenommen wird, wer einen Gewerbeschein vom Gewerbeaufsichtsamt vorlegt und einen Sachkundenachweis führt, sofern er/sie mit gesundheitsgefährdenden Stoffen arbeitet.

15 Integrierte Schädlingsbekämpfung

Zunehmendes Umweltbewußtsein und gesundheitliche Schäden nach Einsatz von Pestiziden erfordern einen vorsichtigeren und kritischeren Umgang mit Gefahrstoffen. Im agrarischen Pflanzenbau ist der integrierte Pflanzenschutz seit langer Zeit ein Begriff. Die Prinzipien dieser Schädlingsbekämpfung sollten auch im Bereich des Vorrats- und Materialschutzes mehr und mehr Anwendung finden. Die Schädlingsbekämpfung der Zukunft sollte daher durch die integrierte Schädlingsbekämpfung bestimmt werden.

»Die sinnvolle Kombination von nichtchemischen und chemischen Mitteln und Verfahren, hat zum Ziel, die Ansiedlung und Verbreitung von Schädlingen zu verhindern bzw. unterhalb eines hygienisch oder wirtschaftlich tolerierbaren Niveaus zu halten und dadurch den Einsatz von Pestiziden auf das notwendige Mindestmaß zu beschränken, Resistenz zu vermindern, ggf. zu unterbinden sowie die Belastung von Umwelt und Gesundheit zu verringern.

Die Ausnutzung aller natürlichen und technischen Begrenzungsfaktoren (z. B. Einengung des Lebensraums tierischer und pflanzlicher Schadorganismen, mehr Sauberkeit, Förderung natürlicher Feinde) steht dabei im Vordergrund.« …

Diese Definition wird im Vorwort zu der »Erarbeitung von Richtlinien zur integrierten Schädlingsbekämpfung im nichtagrarischen Bereich (außer Holzschädlinge)« (EVA SCHOLL, UMWELTBUNDESAMT 1996) gegeben. Aus dieser Literaturquelle sind viele wertvolle Informationen eingeflossen.

Inwieweit oben genannte Forderungen an Bedeutung gewinnen, hängt auch vom Auftraggeber eines Schädlingsbekämpfers ab. Fragen Sie gezielt nach der Art und Lebensweise des zu bekämpfenden Schädlings. Äußern Sie den Wunsch nach möglichst gesundheitlich unschädlichen und gezielt anwendbaren Mitteln. Machen Sie deutlich, daß Sie bereit sind, mitzuarbeiten und längere Zeiten bis zum sichtbaren Bekämpfungserfolg in Kauf zu nehmen. Und dies alles auch zu angemessenen, teilweise höheren Preisen für intensivere Beratung und für höheren zeitlichen Aufwand. Verlangen Sie ein schriftliches Angebot mit Angabe der zu verwendenden Mittel und deren technische Merkblätter. Alle Verfahren und Mittel sollten dokumentiert werden, auch die eigenen Bekämpfungsversuche, die im Vorfeld stattgefunden haben.

16 Empfehlenswerte Literatur

Barto, J., und P. H. Verner: *Vorratsschädlinge,* Deutscher Landwirtschaftsverlag, Berlin 1990.

Bundesinstitut für gesundheitlichen Verbraucherschutz und Veterinärmedizin: *Vom Umgang mit chemischen Schädlingsbekämpfungsmitteln. Informationsschrift 1996.*

BGW-Mitteilungen (Berufsgenossenschaft für Gesundheitsdienst und Wohlfahrtspflege), *Fragebogenaktion bei Schädlingsbekämpfern,* 2/1996.

Die Grünen: *Ökologie im Haushalt.* Die Werkstatt GmbH, 4. Aufl., Göttingen 1991.

Engelbrecht, H.: *Schädlinge und ihre Bekämpfung,* Fachbuchverlag, Leipzig 1991.

Fritzsche, R. und R. Keilbach: *Die Pflanzen-, Vorrats- und Materialschädlinge Mitteleuropas.* Gustav Fischer Verlag, Stuttgart 1994.

Heinze, K. (Hrsg.): *Leitfaden der Schädlingsbekämpfung,* Bd. IV: Vorrats- und Materialschädlinge. 4. Aufl. Wissenschaftliche Verlagsgesellschaft, Stuttgart 1983.

Iglisch, I., und H. Ising: *Was leisten Ultraschallgeräte?,* Der praktische Schädlingsbekämpfer, 5/1985.

Industrieverband Agrar e.V (Hrsg.): *Wirkstoffe in Pflanzenschutz- und Schädlingsbekämpfungsmitteln.* 2. Aufl., BLV-Verlagsgesellschaft, München, Wien, Zürich 1990.

Knust, Franz-Josef: *Neem-Therapie der Pediculosis capitis und der Scabies im Kindesalter,* in: »Umweltmedizinische Praxis« Arzt und Umwelt 11, 4/98.

Marcard, M., und H. Weigand: *Schädlingsbekämpfung durch Kammerjäger.* In: bfub, Recherchenergebnisse aus der Umwelt- und Abfallberatung, Bd. 2, Selbstverlag, Bremen 1991.

Norten, Ellen: *Wunderbaum Niem,* Hrsg. Jean Pütz, vgs Köln 1997.

Öko-Test-Magazin: Frankfurt 6/1991, 8/1991, 3/1993, 6/1993, 3/1994, 5/1994, 7/1994, 4/1995.

Repetto, R., and Baliga S. S.: *Pesticides and the immune system: The public health risks,* World Resource Institute 1996.

Sachs, Ch., und J. Koop: *Ungebetene Hausgäste.* Sachs Verlag, Roßdorf/ Darmstadt 1994.

Scholl, E.: *Erarbeitung von Richtlinien für die integrierte Schädlingsbekämpfung im nicht-agrarischen Bereich (außer Holzschädlinge),* Umweltbundesamt, Texte 18/1996.

Stein, W.: *Vorratsschädlinge und Hausungeziefer,* Ulmer, Stuttgart 1986.

VUA: *Pyrethroide. Pestizide in Innenräumen.* Bremer Reihe Umwelt & Arbeit 1994.

Weidner, H.: *Bestimmungstabellen der Vorratsschädlinge und des Hausungeziefers Mitteleuropas,* G. Fischer Verlag, Stuttgart 1993.

Zuska, J.: *Haus- und Vorratsschädlinge,* Werner Dausien, Hanau 1991.

17 Adressen

Allgemeine Beratung

Verbraucher-Initiative,
Breite Str. 51, 53111 Bonn
Tel. (02 28) 726 33 93

Verbraucherzentralen

Wissenschaftsläden

Pestizidproblematik

Interessengemeinschaft der Holzschutzmittelgeschädigten (IHG), Unterstaat 14, D-51766 Engelskirchen
Tel. 022 63 / 37 86

Initiative gegen Gift (IgG)
Geschäftsstelle c/o Ursel Jüdt-Duwe
Lindenstr. 8, D-76307 Karlsbad
Tel. 072 02 / 51 65

Pestizid Aktions Netzwerk (PAN)
Nernstweg 32, D-22765 Hamburg
Tel. 040 / 39 39 78

Pestizidproblematik, Analysen

Arbeitsgemeinschaft ökologischer Forschungsinstitute (AGöF) verschickt Liste
Alexanderstr. 17, D- 53111 Bonn,
Tel. 02 28 / 63 01 29

Gelbe Seiten: Laboratorien

Alternatives Branchenbuch: Analyse-Labore

Bestimmung von Hausungeziefer

Biologische Bundesanstalt für Land- und Forstwirtschaft – Institut für Vorratsschutz
Königin-Luise-Straße 19, D-14195 Berlin
Tel. 030 / 83 04-1, Internet: www.bba.de

Institut für Umweltanalytik und Humantoxikologie – Fachbereich Schädlingskunde und -beratung / Pestizideinsatz, Fürstenbrunner Weg 30,
D-14059 Berlin

Landesuntersuchungsanstalt – Medizinische Parasitologie und Schädlingsbekämpfung
Hohe Str. 27, D-09112 Chemnitz

Wissenschaftsladen Gießen – Umweltberatung
Gutenbergstr. 13, D-35390 Gießen
Tel. 06 41 / 301 27 24, Fax 06 41 / 364 98
E-Mail: WilaGiessen@t-online.de

Schädlingsmanagement
Dr. Marieluise Hermanns
Atzbacherstr. 8, D-35452 Heuchelheim
Tel. 06 41 / 960 56 76, Fax 06 41 / 960 56 78
E-Mail: Marie.Hermanns@t-oneline.de
www.schaedlingsmanager.de

Medizinal-Untersuchungsämter

Hygiene-Institute

Landesuntersuchungsanstalten

Pflanzenschutzämter in den Landeshauptstädten nennen gegebenenfalls näher gelegene Dienststellen

Naturwissenschaftliche Museen und Zoologische Institute

Schädlingsbekämpfung

Deutscher Schädlingbekämpferverband e.V. (DSV)
Postfach 1252, 69511 Laudenbach / Bergstraße
Tel. 062 01 / 466 28, Fax 062 01 / 465 26

Verbund Regionaler Schädlingsbekämpfer e.V. –
Referat Öffentlichkeitsarbeit
Im Leim 5, D-88682 Salem
Tel. 075 54 / 91 20 18, Fax 075 54 / 91 20 19

Branchenbücher: Schädlingsbekämpfung

Schlußwort

Dieser Ratgeber will Ihnen helfen, Schädlinge und Lästlinge zu bekämpfen. Systematisch gegliedert und aufgebaut, zeigt er Ihnen Wege auf zur Erkennung des ungebetenen Gastes – und zu dessen dauerhafter Vertreibung. Dabei liegt der Schwerpunkt auf umwelt- und gesundheitsschonender Bekämpfung der Eindringlinge. Was könnte es Ihnen denn nützen, wenn Sie mit Kanonen auf Spatzen schießen? Allenfalls lösen Sie bei sich selbst, bei Ihren Kindern, Enkelkindern und Besuchern Vergiftungen und allergische Reaktionen aus.

Vorbeugen ist besser als bekämpfen. Die entsprechenden Maßnahmen sind in der Regel einfach vorzunehmen, preiswert oder kostenlos und wirkungsvoll, wenn man sie nur kennen würde. Das Kapitel 13 (ab S. 137) verdient deshalb Ihre besondere Aufmerksamkeit. Wird Ihr Haus oder Ihre Wohnung trotzdem befallen, können Lästlinge und Schädlingen gesundheitsschonend bekämpft werden. Nur in absoluten Not- und Ausnahmefällen, sie sind seltener als man annimmt, können Sie die »chemische Keule« durch sachkundige Schädlingsbekämpfer einsetzen lassen. Die Wahl der Mittel wird und muß immer davon abhängen, daß wir den Schädling richtig identifizieren lernen. In Zweifelsfällen wird Ihnen die Verfasserin dieses Ratgebers gerne weiterhelfen:

Schädlingsmanagement
Dr. Marieluise Hermanns (Adresse s. S. 159)

Bei Rechtsproblemen:

Anwaltskanzlei Guido Block-Künzler
Gutenbergstraße 13, D-35390 Gießen
Tel. 0641 / 120 20
E-Mail: rablockkuenzler@tiscalinet.de

Anregungen und Kritik richten Sie bitte an den Wissenschaftsladen Gießen e. V. (Adresse s. S. 2).